新型农民现代农业技术与技能培训丛书

猪饲养员培训教材

胡今尧 编著

金盾出版社

内 容 提 要

本书是"新型农民现代农业技术与技能培训丛书"的一个分册,由华中农业大学动物科技学院专家编著。内容包括:猪饲养员的职责与素质,猪的生物学特性及利用,猪的经济类型及其形成,猪的品种,猪的消化生理,猪的营养与饲料,猪的一般饲养管理原则,种猪的饲养管理,仔猪的饲养管理,肥育猪的饲养管理,后备猪的饲养管理,猪场饲养员的劳动定额与报表等。本书可作为县(市)、养猪企业培训猪饲养员的培训教材或农村养猪专业户自学使用,亦可供农业院校相关专业师生阅读参考。

图书在版编目(CIP)数据

猪饲养员培训教材/胡今尧编著.—北京:金盾出版社,2008.3(2013.10 重印)
(新型农民现代农业技术与技能培训丛书)
ISBN 978-7-5082-4940-7

Ⅰ.猪… Ⅱ.胡… Ⅲ.养猪普-技术培训-教材 Ⅳ.S828

中国版本图书馆 CIP 数据核字(2008)第 001965 号

金盾出版社出版、总发行
北京太平路 5 号(地铁万寿路站往南)
邮政编码:100036 电话:68214039 83219215
传真:68276683 网址:www.jdcbs.cn
封面印刷:北京 2207 工厂
正文印刷:北京画中画印刷有限公司
装订:北京画中画印刷有限公司
各地新华书店经销

开本:850×1168 1/32 印张:5 字数:123 千字
2013 年 10 月第 1 版第 6 次印刷
印数:40 961~44 960 册 定价:9.00 元

新型农民现代技术与技能培训丛书

序　言

中共中央国务院[2007]1号文件明确指出，加强“三农”工作，积极发展现代农业，扎实推进社会主义新农村建设，是全面落实科学发展观、构建社会主义和谐社会的必然要求，是加快社会主义现代化建设的重大任务。

我国农业人口众多，发展现代农业、建设社会主义新农村，是一项伟大而艰巨的综合工程，不仅需要深化农村综合改革、加快建立投入保障机制、加强农业基础建设、加大科技支撑力度、健全现代农业产业体系和农村市场体系，而且必须注重培养新型农民，造就建设现代农业的人才队伍。

胡锦涛总书记在党的十七大报告中进一步指出，要培育有文化、懂技术、会经营的新型农民，发挥亿万农民建设新农村的主体作用。

新型农民是一支数以亿计的现代农业劳动大军，这支队伍的建立和壮大，只靠学校培养是远远不够的，主要应通过对广大青壮年农民进行现代农业技术与技能的培训来实现。金盾出版社在对农业岗位培训进行广泛调研的基础上，与中国农业大学老科技工作者协会、华中农业大学老教授协会等单位共同策划，约请数百名农业专家、学者参加，组织编写了“新型农民现代农业技术与技能培训丛书”(以下简称“丛书”)。“丛书”坚持以现阶段我国青壮年农民的文化技术水平出发，突出现代农业技术与技能的传授，注重其先进性和实用性；“丛书”以教材形式编写，共有88个分册，涉及81个农业岗位，除水稻农艺工、蔬菜园艺工、蔬菜植保员、果树植保员分南方本和北方本外，其他均为一个岗位一本培训教材，以方便县(市)、乡(镇)、村组织新型农民培训和农业企业进行岗位培训时选用。“丛书”的组编和出版，还得到了河北农业大学、沈阳农业大学、西北农林科技大学、甘肃农业大学、北京农学院、山东畜牧兽医职业技术学院、大连民族学院、中国农业科学院茶叶研究所、中国农业科学院油料研究所、中国农业科学院郑州果树研究所、中国农业科学院特产研究所、中国农业科学院桑蚕研究所、中国养蜂学会、内蒙古自治区农牧科学院、甘肃省蔬菜研究所、山东省果树研究所、广西壮族自治区柑桔研究所、山西省畜牧兽医研究所等单位部分专家、教授的支持和参与，并列入劳动和社会保障部《全国职业培训与技能鉴定用书目录》，进行推荐，使我们深感欣慰，在此表示衷心感谢。我们希望和相信，通过“丛书”的出版发行，能为新型农民队伍的发展壮大贡献一份力量，也能为现代农业技术与技能培训积累一些可供借鉴的经验。

“丛书”编写时间有限，各分册存在不足或错漏在所难免，恳请同仁和各使用单位批评指正。

编 委 会

2008 年 1 月

前　　言

本书是为有志于养猪业生产的同志提供一套可自学的养猪业科学生产全流程的最新实用的理论技术和操作技术。

党和国家领导提出了我国经济发展的“科学发展观”，这是一个非常重要的问题，其目的就在于防止盲目性，防止脱离实际、浪费资源、破坏环境，以降低成本，提高经济效益，加快全面建设小康社会，加快民富国强。

长期以来，由于我们对某些理论认识模糊不清，使得我们养猪业生产就存有许多相当严重的脱离实际的盲目性，不顾当时当地国民经济水平条件特别是其中的饲养水平条件，不顾需要与不需要、可行与不可行、科学与不科学，盲目引种、盲目杂交、盲目育成新品种，盲目生产瘦肉型肥育猪，造成人力、财力和物力的大量浪费，大大延缓了我国社会的发展与进步。

本书力求实用性、科学性、知识性和趣味性，防止盲目性，因此力求理论与实际相结合。

在能量单位方面，过去长期我们使用“卡”(cal)作为能量计算单位(1卡即是1克水从14.5℃升温到15.5℃所需的热量)，现在我国要求统一使用“焦(耳)”作为能量计算单位，焦耳本是物理学上的功能单位，卡是化学能单位，但两者变换也无本质差别，1卡=4.184焦(耳)。

为了照顾传统习惯，现在国际上许多国家采用卡与焦耳并用制，本书也采用这一办法，以满足习惯要求，为了使用方便，通常以兆焦(耳)和千卡(大卡)为计量单位。在焦耳与卡互换时，为了换算方便，本书以1卡=4.2焦耳进行换算。

编著者
于华中农业大学
2008年1月

目　录

第一章　猪饲养员的职责与素质

猪饲养员，是指猪场直接从事猪的饲喂和日常管理的工作人员。饲养员要树立起以养猪为业、为生、为荣的思想，要专心把猪养好，以获得最佳经济效益。饲养员虽然与配种员、防疫员等各有分工不同，但都为了一个共同的目标，即把猪养好，所以都要互相紧密配合，形成相互依存的养猪团队。

一、饲养员的职责

（一）肥育猪饲养员职责

肥育猪饲养员的基本职责是促进肥育猪快速增长，提高日增重，缩短肥育期，达到各种经济类型（瘦肉型和肉脂兼用型）成熟期能获得最大的活重、最好的发育度、最高的饲料报酬（每消耗 1 千克饲料获得最大的增重，或每增重 1 千克耗料最少）和最佳的经济效益。

（二）种公猪饲养员职责

种公猪饲养员的基本职责是保持公猪健壮的体质，坚强有力的四肢，不肥臁不枯瘦的结实体态，旺盛的配种能力，良好的精液品质和高的受胎率、产仔率。

（三）母猪饲养员职责

母猪饲养员的基本职责是保证所有母猪体质健壮，四肢有力，肥瘦适中；所有母猪满怀满产，每头母猪年产 2 胎，每胎产仔不少于该品种猪的正常平均产仔数;保证每窝仔猪全活全壮至断奶;保证全窝仔猪60日龄窝重不低于该品种猪60日龄正常窝重的平均数,并有所提高。

(四)后备猪饲养员职责

后备猪饲养员的基本职责是保证后备猪体质健壮,四肢结实,步行稳健,体态肥瘦适中;各月龄活重不低于该品种猪正常活重的平均数;体长、体宽和腿臀发育度要优于上一代。

为此,饲养员必须有相当良好的素质。

二、饲养员的素质要求

(一)思想素质

首先,饲养员要有相当良好的思想素质,要有为社会服务的思想,把养猪业看成是全社会大生产中、各行各业中重要的一环,一门不可或缺的产业。人人都要吃肉,要吃肉就要养猪,因此养猪也是人人为我,我为人人的社会大协作,既是自我谋生,也是因社会为我服务我回报社会为社会服务。

其次,要有亲猪爱猪与猪为友为伴的思想。猪是动物,与植物有明显不同,天天都要吃,一日不可离人,稍有疏忽,非病即死损失大。它要有比植物要求严格得多的居住环境、小气候环境和饮食条件,因此要求饲养员必须不怕脏、不怕苦、不怕累,亲近它,爱护它,愿意与它为友为伴,细心观察,精心照料,科学饲养。

(二)业务素质

从事猪饲养员工作,须具有初中以上文化程度,经过一定的业务技术培训,懂得科学养猪的基本知识,掌握现代化养猪的饲喂技术和管理技能，能灵活地应用这些知识、技术、技能，做好本职工作。

本书深入全面地介绍了猪饲养员的基本理论和技术，在某些方面就其广度和深度来讲，已超过了过去笔者所授大专学生的教材，只要心志所至，认真学习，融会贯通，全面掌握，有志实践，就会有所成效。

立志欲坚不欲急，成功在久不在速。只要勤于学习、勤于思考、勤于实践，注意总结经验教训，就可不断提高业务素质。使自己既是饲养员，也是技术员；既可受聘于现代化猪场，也能作为专业户养猪致富。人可为者，我亦可为。

第二章　猪的生物学特性及利用

一、猪的繁殖特性及利用

（一）性成熟早

母猪一般4～8月龄（因品种而异）即开始发情（出现求配欲），6～10月龄即可开始配种繁殖，经约4个月（一般为114天）怀孕就生产小猪，小猪哺乳期约45天，60日龄后即可上市供作肥育猪育肥。

所以饲养母猪，经济见效快。

（二）繁殖力强

母猪一年四季发情且可配种繁殖。通常一年可繁殖2胎，每胎产仔一般在10头以上，一头母猪年可产仔20头以上。

所以饲养母猪经济效益既快又高，而且引种容易，只需花少量成本引入1～2头幼小母猪（断奶仔母猪），就可很快发展扩大群体，发展生产。

一个地区如果国民经济已经发展提高，饲养条件有所改善，当地原有低产品种猪已经过时，有可能被比较高产的即生长快的品种猪来取代，于是只需从外地引入相应生产性能品种的种猪若干头，就可以很快扩大群体满足当地人民所需，又好又省，无须自己耗费资源（人力、财力和物力）搞什么新品种育成。

（三）世代间隔短、改进快

所谓世代间隔，就是上一代种猪出生期到它的留作种用的下一代出生期所间隔的时间。

猪由于性成熟早，怀孕期短（114天），如果从所生的第一胎中就选出后代做种用（母猪适龄配种并合理培育后代，第一胎仔猪与第二、三胎仔猪的种用价值是一样的，没有什么区别），则世代间隔仅为10~14个月。

猪生产性能的改进，是靠一代一代地改进累积的。世代间隔短，世代更替快，因而世代改进的累积进程也快，大大缩短了猪生产性能改进提高的进程，可以在很短时间内无须杂交就能改变猪的生产方向和生产性能。

20世纪50年代种猪成年活重还只有约200千克的英国脂用型巴克夏猪，60年代后在美国就已转变成了成年种猪活重达400千克的瘦肉型品种猪。

美国对波中猪加强培育和选种，只花了10年时间（1912~1923），就使它从脂用型完全转变成了瘦肉型。

丹麦和英美等国家对长白猪和大白猪加强培育和选种，使猪肥育的日增重从20世纪60年代的约600克至70年代达到800克，现在则已达到900克。

黄谷诚等对四川荣昌猪适当加强选育，在11年时间里，使初生重提高了14.71%，60日龄个体重提高了17.33%，10月龄和22月龄活重分别提高了35%和34.07%。

二、猪的生活特性及利用

（一）杂食性

猪是杂食性动物，它的饲料来源广泛，除了各种野草、菜叶和粮食外，家庭、学校、饭店、餐馆的米汤潲水和残汤剩饭剩菜等都是它的饲料来源，但是这些东西喂前必须煮沸消毒。

(二)压榨式采食

马、牛、羊等草食兽是上下牙齿平磨咀嚼食物,几乎能将粗糙的草料咀嚼成糊状再吞下。猪则是上下牙齿压榨式咀嚼食物,咀嚼很不完全,食物难以充分细碎。为了适应猪的这一生物学特性,农村家庭养猪的传统习惯是将草、菜、瓜和薯芋类等饲料充分切碎,并和以粮食加水充分煮熟后喂猪。这种方法作为农家副业养猪,尚可使用,作为规模化养猪当然不行,应配置有相应的饲料加工设施设备。

(三)喜欢拱土觅食

猪喜欢拱土觅食,同时,这也是猪的一种运动方式,以促进全身骨骼和肥肉发育,增强体质。所以应尽可能给猪特别是种猪有适当的舍外活动,让其拱土以获得运动。

(四)适应环境范围广

猪对环境有较广泛的适应性,在我国的东南西北、高原和平地都能很好地生存。

但相对地讲,猪的汗腺也不是发育很好,大猪又因皮下脂肪厚,散热能力差,所以气温达到30℃以上时就喜欢浸水,35℃以上时,就难以忍受。因此在夏季应注意猪的防暑降温,在猪舍前后植树遮荫,舍外运动场上修建公共浴池或喷头,以供浸水或在猪体上喷水。

仔猪则相反,皮下脂肪薄,保温能力差,气温降到8℃以下时就难以忍受,需要提温保暖。

(五)喜好争斗,容熟不容生

猪恋旧性能强,喜欢旧居熟伴,如果要单独更换新栏,往往相当困难,特别是妊娠母猪,要为它更换新栏备产,往往要绕舍几经驱赶,结果往往造成流产。须予注意。

互不熟悉的猪混栏,往往造成激烈咬斗,使弱者无法采食,因此断奶母猪混栏,因咬斗往往使发情延期达一周以上,生长发育猪因咬斗,一周之内几乎停止生长。严重咬斗甚至可以使衰弱的个体致死。因此,不要随意给猪混栏。

(六)小猪怕冷,大猪怕热

初生仔猪体温调节能力差,在低温环境中容易被冻死。仔猪培育阶段,舍温要求较高,一般为25℃~30℃。大猪适宜舍温在20℃左右,夏季需注意防暑降温。

三、猪生长发育特性及利用

(一)生长强度大

在科学饲养条件下,猪是生长很快、早熟易肥、能快速获得经济效益的一种肉用家畜。猪初生活重一般为1~1.5千克(因品种而异),到60日龄时即可达到14~20千克,即增重14倍,到6月龄时即可达到80~100千克而上市,即增重65~80倍。与猪相比,山羊和牛的生长强度则较小,山羊作为肉食利用需在一年以上,肉牛需在一年半以上。

猪随着年龄的增长到6~8月龄以后生长强度明显地逐渐降低。因此,加强对6~8月龄前猪的培育,可以获得最佳的经济效益。以后则不但生长慢,而且维持大体重所需的营养大为增加,饲料消耗多。

(二)前期长瘦肉后期长脂肪

不论瘦肉猪、肉脂兼用猪、脂用猪,一律都是前期以生长发育瘦肉为主,后期以贮积脂肪为主。越年幼的猪瘦肉生长发育越强,越年大的猪脂肪贮积能力越强,即随着年龄的增长,瘦肉生长发育强度逐渐降低,而脂肪贮积能力则逐渐增强。因此,瘦肉生长发育强度是一条随着年龄的增长而逐渐下降的曲线,脂肪的贮积强度是一条随着年龄的增长而逐渐上升的曲线。

由此可见,猪的胴体瘦肉与脂肪的比率是随着月龄而变化的,而且变化很大,不同月龄阶段屠宰,肉、脂比率不同。作为瘦肉型肥育猪来讲,最佳屠宰月龄应该是在瘦肉和脂肪两条生长曲线交叉点的月龄或稍前。瘦肉型肥育猪不但屠宰月龄很重要,而且屠宰的活重也很重要,瘦小的肥育猪,虽瘦肉率高,但瘦肉绝对量小、品质差,经济价值低。

肥育猪的适宜屠宰月龄和活重,因品种的早熟性不同而异。有些资料报道了许多品种肥育猪的瘦肉率,以说明各品种猪的生产性能和肥育猪的胴体品质。但是这些瘦肉率指标如果没有说明肥育猪的屠宰月龄和活重,就没有什么意义,不能说明什么问题。

综上所述,我们认识到了猪前期长瘦肉、后期长脂肪这一生物学特性,如果能够再进一步认识到猪的瘦肉与脂肪两条生长曲线交叉点的大致月龄阶段和瘦肉生长与脂肪贮积所需的主要营养物质,我们就可以根据当时当地国民经济水平和可能提供的饲料条件,定向地培育我们所需要的猪,或瘦肉型猪,或肉脂兼用型猪等。

以上这些问题,我们将于后面逐渐展开讨论。

(三)脂肪贮积能力强

在所有的家畜中,猪是贮积脂肪能力最强的家畜。猪在6~8月龄以后脂肪贮积能力就明显增强。猪与阉牛(去了势的公牛)脂肪贮积的能力如表2-1。

表2-1　猪与阉牛脂肪贮积能力比较

食入营养物质	猪沉积脂肪			阉牛沉积脂肪		
	克	热价		克	热价	
		大卡	兆焦		大卡	兆焦
1千克淀粉	356	3110	13.06	248	2360	9.91
1千克糖	281	2670	11.21	188	1790	7.52
1千克脂肪	880	8360	35.11	486	5063	21.26
1千克蛋白质	363	3450	14.49	235	2240	9.41
1千克粗纤维	248	2350	9.87	253	2400	10.08

由于猪具有极强的贮积脂肪的能力，所以我国农民长期以来利用这一生物学特性和前期长瘦肉后期长脂肪这一生物学特性，采用前期以低能量低蛋白质的青粗料为主吊架子，以抑制瘦肉的生长发育，到后期则加喂高能量的淀粉类碳水化合物（谷实类和薯芋类）饲料进行催肥，使猪大量贮积脂肪，以解决全家吃油的问题。

思　考　题

1. 为什么说养猪是一门创业成本低、经济效益高而快的产业？

2. 为什么说猪引种容易、改进快？

3. 根据猪的生物学特性，在猪的饲养管理上应注意什么问题？

4. 猪前期长肉、后期长脂的生物学特性，在养猪生产上有什么重要意义？

第三章　猪的经济类型及其形成

一、猪经济类型的划分及其胴体品质

猪的经济类型，也就是胴体品质类型或生产类型或生产方向，其划分完全根据胴体品质。所谓胴体，就是猪宰后去血、毛、内脏(板油和肾脏不去)、头(从耳根后及下颌下自然条纹处割下)和四肢(前肢从腕关节、后肢从飞节即跗关节割下)后所剩下的腔体。现在根据胴体品质一般将猪分为瘦肉型、脂用型和肉脂兼用型3种经济类型。根据其形成，又可分为品种经济类型和肥育经济类型。

(一)瘦肉型及其胴体品质

瘦肉型又称肉用型。肥育猪在高能量高蛋白全精料型配合饲粮的一条龙式肥育饲养条件下，随着年龄的增长而瘦肉生长发育曲线逐渐下降和脂肪贮积曲线逐渐上升的两条曲线交叉点的月龄(这个月龄称为瘦肉型经济成熟期)或以前达到一定活重(即瘦肉达到相当的发育度和丰满度)屠宰，要求瘦肉型肥育猪的胴体的各项质量指标达到一定的标准。

这里请读者特别注意，检测瘦肉型肥育猪的胴体品质时，是附带有严格条件的。一是饲养条件，二是与饲养条件紧密相关的一定的活重，三是一定的月龄，后两个条件因品种而异。因此，猪胴体品质的检测报告，都必须附有饲养水平、宰前活重和屠宰月龄等资料。

1. 屠宰率　屠宰率是胴体重对宰前空腹活重的百分比。

屠宰率表示猪的产肉量,屠宰率高的猪产肉量也高,按以下公式计算:

$$屠宰率(\%)=\frac{胴体重}{宰前空腹活重}\times 100$$

在瘦肉型经济成熟期(即肉、脂两条生长曲线交叉点月龄达到一定活重)屠宰的猪,胴体越重则屠宰率越高,屠宰率高的猪则表明瘦肉发育充分,瘦肉发育充分的猪当然活重也大,所以要求瘦肉型肥育猪在其屠宰适龄时必须达到一定活重。年龄到了而活重没有达到标准,则表明饲养水平不够和瘦肉发育不充分。

所谓宰前空腹活重就是宰前 12 小时以上未饲喂的活重,最好是下午喂后第二天早上空腹称重屠宰。

如果不是空腹而是饱食后称重屠宰,虽然可以大大增加宰前活重,但屠宰率就会大大降低。

许多因素影响屠宰率,没有达到瘦肉型经济成熟期而月龄不足的猪,因瘦肉还没有充分发育起来,活重不足,屠宰率低;超过瘦肉型经济成熟期而年龄越大的猪,由于脂肪大量贮积活重加大,则屠宰率越高。

据 Давидсон X.P. 的材料,大型瘦肉型品种猪各种宰前活重肥育猪的标准屠宰率见表 3-1。

表 3-1　在标准饲养条件下各种宰前活重的大型瘦肉型肥育猪的屠宰率标准

活重(千克)	胴体重(千克)	屠宰率(%)	活重(千克)	胴体重(千克)	屠宰率(%)
37.0	22.7	61.7	83.5	61.3	73.4
41.0	26.3	64.4	88.5	65.4	73.8
44.5	29.5	66.3	94.0	70.0	74.4
48.0	33.0	67.9	100.0	75.0	75.0
52.5	36.3	69.0	105.0	80.0	76.2
56.3	39.5	70.0	109.5	84.0	76.8
61.0	43.0	71.0	114.0	88.5	77.6

续表 3-1

活重(千克)	胴体重(千克)	屠宰率(%)	活重(千克)	胴体重(千克)	屠宰率(%)
65.0	46.3	71.4	119.5	93.5	78.3
70.0	50.4	72.0	123.5	97.6	79.0
74.5	54.0	72.7	128.0	102.6	80.0
78.5	57.2	72.9	132.0	107.6	81.5

理想瘦肉型肥育猪的屠宰率应为70%～75%。

2. 背膘厚 在半边胴体内侧测量第六至第七胸椎处胸背部皮肤及皮下脂肪层的厚度。背膘越薄的猪，胴体瘦肉率越高，反之则越低。

瘦肉型猪在经济成熟期达到一定活重屠宰的肥育猪，背膘厚不应超过4厘米，以2.5厘米左右(2～3厘米)最为理想。现在国际通用大型瘦肉型品种肥育猪达到瘦肉型经济成熟期(6月龄)的背膘厚，一般为2.1～2.3厘米。

3. 眼肌面积 就是背最长肌的横断面。将半边胴体在最后肋骨处横向切断，在背脊处皮下脂肪层的下面就可看到背最长肌的断端，形如眼睛，所以称为眼肌。眼肌面积的大小表明背最长肌的发育程度。沿背、脊两侧行走的背最长肌的发育情况(长度和粗度)与胴体瘦肉率成正相关，即背最长肌(眼肌)发育越好，胴体瘦肉率越高，而且背最长肌也是猪体上最美味可口、价值最高的肌肉。

图 3-1 眼肌的位置

1. 宽度 2. 厚度

将半片胴体在最后肋骨处横行切断，如图3-1所示，测量眼肌的宽度与厚度按以下公式计算眼肌面积：

眼肌面积(厘米^2) = 宽(厘米) × 厚(厘米) × 0.7

在各品种肥育猪瘦肉型经济成熟期达到一定活重屠宰，瘦肉型胴体的眼肌面积不能低于28平方厘米，理想的眼肌面积为33～35平方厘米。现在国际通用大型瘦肉型品种肥育猪达到瘦肉型经济成熟期(6月龄)的胴体眼肌面积为34平方厘米左右。

4. 瘦肉率　瘦肉率是瘦肉型肥育猪胴体品质最直接最重要的指标。

将半边胴体进行肉、脂、皮、骨分割(皮下脂肪与皮可以不必分开)，按以下公式计算瘦肉率：

$$瘦肉率(\%) = \frac{瘦肉重}{胴体重} \times 100$$

注：瘦肉重包括肾脏，胴体重包括板油。

在各品种肥育猪瘦肉型经济成熟期达到一定活重屠宰，理想瘦肉型胴体瘦肉率应为60%左右，不能低于50%。现在国际通用大型瘦肉型品种肥育猪在其瘦肉型经济成熟期(6月龄)达到90～110千克活重的胴体瘦肉率一般为58%～60%，多数为58%左右，极个别的品种猪如比利时的皮特兰猪的瘦肉率可以达到70%以上。

瘦肉率不是越高越好，超过62%就会使肉失去柔嫩性和芳香性，甚至成为吃而无味的灰白肉，皮特兰猪的瘦肉100%为灰白肉，不为人们所喜欢。

由于对胴体进行肉、脂、皮、骨分割非常麻烦，工作量很大，所以现在的欧美等国已不检测瘦肉型肥育猪的瘦肉率，只检测屠宰率、胴体背膘厚、眼肌面积和大腿率等四个指标。

5. 大腿率　大腿包括后腿和整个臀部，所以大腿率又称腿臀率。腿臀是猪的瘦肉最集中的部分，是制造火腿的原料，它的发育程度对瘦肉型猪的胴体瘦肉率和火腿品质影响很大，所以在瘦肉型猪的选育上它是猪育种家的主选性状，瘦肉型猪生产性能和胴体品质好不好，先看腿臀丰满不丰满，再看躯干长和宽(背最长肌即眼肌发育好不好)。

从胴体倒数第一至第二腰椎间(也有的国家是从最后腰椎后沿)与背线垂直将两片胴体的腿臀割下按以下公式计算大腿率：

$$大腿率(\%) = \frac{两个腿臀重}{胴体重} \times 100$$

国际通用大型瘦肉型品种肥育猪达到瘦肉经济成熟期(6月龄)100千克活重的胴体，大腿率为30%～38%，平均为32%。单个腿臀一般为11千克左右，最好的可以达到13～14千克。

(二)脂用型及其胴体品质

这类猪的瘦肉发育度较差，充分肥育至10月龄以上屠宰，能生产较多的脂肪。宰前脂用肥育猪的体态非常丰满，步履艰难，上下眼皮被皮下脂肪堆挤而闭合形成一条缝线，走动时全体皮下脂肪颤动，几乎要从体上脱落，胴体第六至第七胸椎处背膘厚在7厘米以上，胴体脂肪率在50%以上，屠宰率在78%以上。

我国地方品种猪大多属于这一经济类型的猪，但是现在一般已不进行脂用肥育猪生产，因为饲养这种肥育猪时间长，耗劳多，饲料消耗量大，每增重1千克脂肪比增重1千克瘦肉差不多要多出1倍的饲料，而脂用猪的价值在市场上却比瘦肉猪低。

(三)肉脂兼用型及其胴体品质

肉脂兼用型是我国广大农村现在生产的一种最主要的经济类型的肥育猪，这是由饲养条件的限制和农村人民的经济生活条件的需要所客观决定的。该类型猪的胴体品质标准介于瘦肉型和脂用型之间。

1. 屠宰率 达到一定活重的肉脂兼用经济成熟期肥育猪，屠宰率为74%～78%。

2. 背膘厚　达到一定活重的肉脂兼用型经济成熟期肥育猪的胴体,第六至第七胸椎处背膘厚为4.5~7厘米。

3. 肉脂比率　达到一定活重的肉脂兼用型经济成熟期肥育猪,胴体的肉脂比率一般各为42%左右。

不同品种肥育猪达到瘦肉经济成熟期和脂肉兼用经济成熟期的月龄、活重和所需饲养水平等问题,将在第十章讨论肥育猪的饲养管理时详细说明。

二、猪的品种经济类型及其形成

所谓品种经济类型,是整个品种在历史发展过程中,通过长期的一定方式和方向的选种、选配和培育等措施,在体质、外形和生产性能等方面所表现出来的某种胴体品质上的经济类型。

例如长白猪、大白猪、杜洛克猪和汉普夏猪等品种,是当今最理想的国际通用大型瘦肉型品种猪。古典的英国中白猪是理想的肉脂兼用型品种猪。古典的英国巴克夏猪和我国大部分地方猪,是理想的脂用型品种猪。它们都是在不同时代、不同国民经济水平条件下形成的。

在不同时代、不同国民经济水平下,人们对猪的要求不同,所能提供的饲养水平和育种技术水平也不同。在国民经济生活水平比较低的时期或正在发展中的地区,体力劳动的强度比较大,营养上对含有高能量的油脂要求比较高,人们希望所饲养的猪既能解决吃肉的问题,又能解决吃油的问题。而且在这样的低水平国民经济条件下,在种猪正是瘦肉生长发育强烈的幼年阶段,也只能提供低能量、低蛋白的、以青粗料为主的低饲养水平条件,使靠饲料中蛋白质转化的瘦肉的生长发育受到严重的抑制,久而久之就培育出了一种瘦肉很不发育的猪的品种。这种瘦肉很不发育的品种猪的肥育猪,在肥育期的幼年阶段也是以低能量低蛋白的青粗料为主吊架子(让其长骨长皮),到了后期脂肪贮积能力增强的阶段,就加喂容易转化为脂肪的高能量、高碳水化合物的谷实类和薯芋类饲料充分催肥,这样就形成了脂用型经济类型的肥育猪。

所以脂用型品种猪的实质,一是低饲养水平使瘦肉的生长发育受到抑制,二是肥育猪的肥育期拖得很长,拖到10月龄或以上。基本上可以这样说,凡是长期以低能量、低蛋白青粗料为主吊架子培育出来的并高度舍饲少运动的猪,就是脂用型品种猪。但是,这种猪如果加强舍外放牧,在野外拱土中获得一些蚯蚓、青蛙、幼嫩植物等富含蛋白质的饲料和土中的矿物质,再加上放牧中获得充分运动,使肌肉获得发育,仍可以成为肉脂兼用型品种猪。

现在国际通用的大型高产瘦肉型品种猪,实际上早先都是在低国民经济条件下以青粗料为主的低饲养水平饲养的、瘦肉很不发育的脂用型品种猪。

随着国民经济水平的提高和猪饲料条件的改善,在猪瘦肉生长发育强烈的幼年阶段(6、7月龄)和生长发育后期脂肪贮积增强的阶段,都能均衡地提供能量和蛋白质水平比较高的饲粮,可以使猪的瘦肉得到适当的发育,同时也使猪的生长发育速度加快,日增重提高,猪经济利用的时间提早,无须把猪的肥育期拖得很长;另外,因为生产工具的改善,人们体力劳动的强度降低和生活的改善,对高能量的油脂需求有所减少,无须把猪催得过肥,久而久之原来的许多脂用型品种就逐渐转变成了肉脂兼用型品种。

高瘦肉率的大型瘦肉型品种猪,实际上是在某些国家工业化革命以后才出现的。由于工业化革命,机械工业的产生,使生产力和国民经济大发展以及随之而来的农业和畜牧业的大发展,农业中实行了豆科植物和非豆科植物的轮作制并提高了粮食产量,使猪能够获得丰富的、含蛋白质很高的豆科牧草和豆类籽实的饼粕以及富含能量的谷实类,对猪经济类型的改变起了关键性作用,使猪的瘦肉得到充分发育,使猪的生长发育大大加快,在猪脂肪贮积能力增强以前，就可获得经济利用的（活重 90～100 千克）瘦肉型胴体，同时人们的生活水平也大大提高，更多要求的是猪的瘦肉及其加工制品，而不是猪的脂肪。于是，经过若干年的培育，这些地区原来的中、小型脂用品种猪和肉脂兼用品种猪基本上都转变成了大型高产瘦肉型品种猪。

所以，一定生产性能和经济类型的品种猪，并不是无缘无故突变出来的，是一定国民经济条件下的产物，是在一定国民经济条件下人们利用可能的条件和根据自己的生活需要培育出来的。

关于上述猪品种经济类型的形成过程，仅以巴克夏猪为例，如图 3-2 所示。

图 3-2a　古典的理想脂用型巴克夏猪

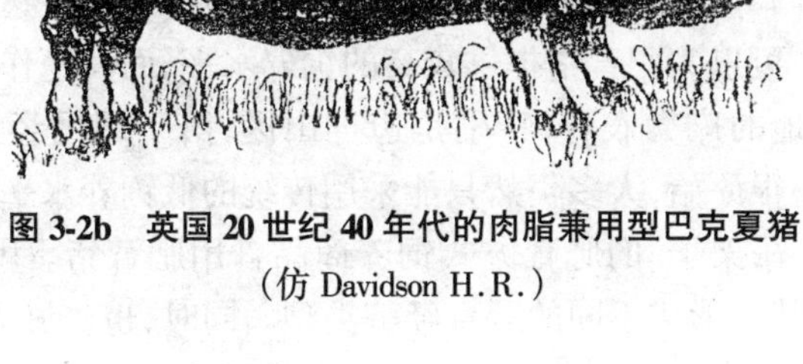

图 3-2b　英国 20 世纪 40 年代的肉脂兼用型巴克夏猪

（仿 Davidson H.R.）

图 3-2c　现代的肉用型巴克夏猪(6 月龄)（仿 Krider J.L.等）

三、猪的肥育经济类型及其形成

猪的肥育经济类型是指各种品种经济类型的猪，在肥育方式即饲养水平影响下，肥育猪所表现出的某种胴体品质的经济类型。是我国(当然也会包括其他发展中国家)在养猪实践中提出的一个特殊而长期不为国内外学者注意和讨论研究的新问题。

在经济发达国家，就经济水平来讲是一元化的，基本上没有城乡和地域之别，全国各地为猪所提供的饲养水平基本上是一致的、规范的。因此，不存在什么品种经济类型与肥育经济类型的差别，也就不存在单独的或另外的什么肥育经济类型，品种经济类型也就是肥育经济类型。

在我国，国民经济水平是多元化的，在沿海经济发达地区和大城市郊区，可以为肥育猪提供较高的饲养水平，而其他作为肥育猪主要来源地的广大农村，特别是边远山区，由于国民经济水平不高，甚至还很原始，大多仍然只能采用传统的低饲养水平的肥育方式即所谓“吊架子”的肥育方式饲养商品食用肥育猪。因此，同样的品种猪就会形成不同的肥育经济类型。同时，也告诫人们：猪的品种经济类型不是绝对的，是相对的。不论任何品种经济类型的猪，在肥育方式的影响下，都可以改变其经济类型，而成为与肥育方式相适应的经济类型即肥育经济类型。

猪品种经济类型在肥育方式影响下的改变，外因是猪在肥育期所提供的饲养水平的影响，内因则是由猪的瘦肉和脂肪生长发育规律及遗传性的适应性变异所决定的。

思 考 题

1. 猪有哪几种经济类型？它们的特点各是什么？
2. 各种经济类型的猪是如何形成的？
3. 什么是品种经济类型和肥育经济类型？
4. 肥育方式为什么能改变猪的品种经济类型？

第四章　猪的品种

农民种田要选好作物品种以获得丰收,养猪也应该选好品种,以获得好的经济效益。

不同品种的猪,生产性能不同,对饲养管理条件的要求也不同。所以我们应该从市场需求和实际可能的条件出发,选择最适合的品种,或者对所选择的猪品种尽可能满足其所需要的条件。

所以我们应该对一些常用的猪的品种有所了解,了解其生产性能和对饲养管理条件的要求。

一、什么是猪的品种

现在假冒品种很多,把一些乱七八糟的杂种猪也称为品种,严重影响了养猪业生产的经济效益,因为杂种猪遗传性不稳定,变异性很大,不宜做种用。因此,我们有必要对猪的品种给出一个为国际所公认的科学概念,即:在一定国民经济条件和自然条件下,人们进行培育和选种选配的结果所形成的、来源相同、具有相似而相对稳定的独特遗传性和在其遗传性形成的国民经济条件和自然条件下,有一定经济价值的、拥有能保证其品质不退化而能独立存在所必需的母猪 4 500 头以上及公猪 150 头以上经过检定合格的用于纯种繁育的基础种猪群,就是猪的品种。

这一猪的品种的概念说明:

第一,猪的品种是在一定的国民经济条件和自然条件下,由人类利用一定饲养管理条件和选种选配技术培育出来的。

第二,作为某一品种的猪,其个体必须来源相同,即有共同的祖先,不是来源各不相同的混杂群体。

第三，同一品种的各个体间都必须有相似的独特的遗传性，即必须在形态特征上和生产性能上相似（这是来源相同的表现）；同时，又要有自己的独特性，以与其他品种相区别。

第四，一个品种各个体所具有的相似的独特形态特征和生产性能的遗传性必须是相当稳定的，即这些独特遗传性在原来形成的经济和自然条件下，亲代能产生相似的后代。

第五，一个品种的猪，在其遗传性形成的经济条件和自然条件下饲养它们，必须有一定的经济价值。

第六，一个品种必须拥有检定合格的、用于纯种繁育的基础母猪4 500头以上（专用于与其他品种进行经济杂交生产肥育猪的不计）和基础公猪150头以上。这一数字是国际学者科学模拟计算的结论。

品种的这一种群个体数量指标很重要，如果纯繁基础母猪达不到4 500头以上，它就不可避免地要产生近亲交配而品质退化，使品种失去经济价值而消亡，或者要与其他品种杂交使品种失去独特性而消亡。因此，无数量即无质量可言。品种拥有一定的个体数，也有利于选种，即有利于选择优秀的种猪，以使品种品质不断改进提高。

我国从国外引进的瘦肉型长白猪和大白猪等品种，由于缺乏能保持足够种猪数量的纯种繁育基地，因此就出现了不断引入不断退化的问题。

二、大型瘦肉型品种猪

大型瘦肉型品种猪具有独特经济价值，因而为全世界各个国家所引用，广泛分布于全世界各个国家，已成为全世界各个国家人们所共有的品种，所以又称之为国际通用品种。这些品种现在也已广泛分布于我国各地，为我国人们所利用。

现在引用最广的大型瘦肉型品种猪有大白猪、长白猪、杜洛克猪、汉普夏猪和皮特兰猪。

(一)体质外形与特点

1. 大白猪　因其体大而全体被毛白色故在我国得名为“大白猪”。但它原产于英国约克夏地区,故在世界各国普遍称它为“大约克夏猪”。

大白猪是世界上育成最早的最优良的瘦肉型品种,成年种猪体长(两耳根中点连线的中点起用卷尺贴背脊量至尾根第一自然轮纹)可达180厘米(图4-1)。

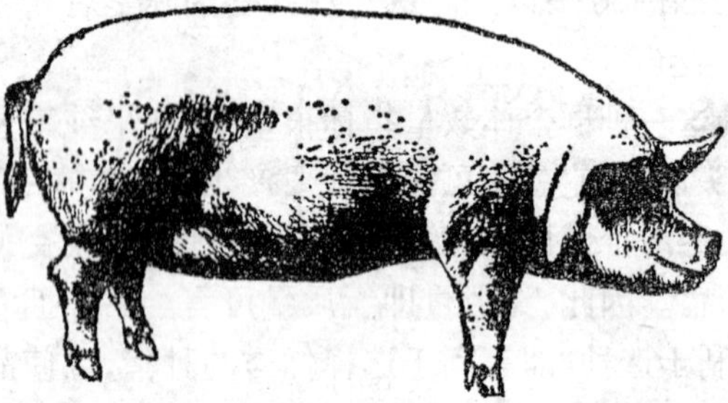

图4-1　大白猪

大白猪全体被毛纯白,无暗斑,嘴筒较长而直,额部宽广,面部微凹,耳朵向前直立,前躯较轻,后躯发育良好,腿臀丰满,躯干宽广而直,一般猪的胸椎和腰椎是18枚,而大白猪则是21枚,因而加大了它的体长,大大提高了它瘦肉型胴体的价值。全体肌肉发育丰满结实,皮肤无皱褶,腹下线平直,体质结实健壮。

大白猪以生长快、瘦肉率高而著称于世,是长期在高能量高蛋白精料型日粮培养下所育成,因此要求饲养水平条件较高,在对饲料的耐粗性方面远不如我国地方猪,在农村以粗饲料为主的饲养条件下,它生长速度比我国地方猪差得多而失去了经济价值。每窝产仔数 10～11 头。

大白猪活泼好动，神经质，对外界环境条件刺激反应敏感，性格颇为倔强，少数带仔哺乳母猪被激怒后，有咬人恶习，管理应予注意。

大白猪从英国被引入到其他国家后，由于不同国家培育的方式和选种方向有所不同，因此在体型和生产性能方面有所改变，所以又有美国大白猪、俄罗斯大白猪、加拿大大白猪和德国、英国大白猪等之称，俄罗斯大白猪已成为肉脂兼用型(图 4-2)，美国大白猪的体躯也比较丰满，倾向于肉脂型。

图 4-2　俄罗斯大白猪

2. 长白猪　长白猪因其被毛纯白无暗斑，体躯特长，因而在我国得名“长白猪”，国外称它为“兰德瑞斯”猪。它的胸腰椎为 22 枚，比大白猪还多一枚，所以表现得体躯比大白猪还长。耳朵前倾下垂，头轻鼻直(图 4-3)。

长白猪原产于丹麦，是丹麦一种体躯特长的地方猪尤特兰德猪与大白猪杂交获得第一代杂种选育而成的，皮肤薄嫩光滑，全体肌肉发育良好，腿臀发育特别丰满，所以长白猪的胴体瘦肉率略高于大白猪，但生长速度则略比大白猪低。

根据笔者饲养观察，长白猪对饲养水平的要求比大白猪更高，相对来讲，没有大白猪耐粗饲。非配种期成年公猪在每千克饲粮

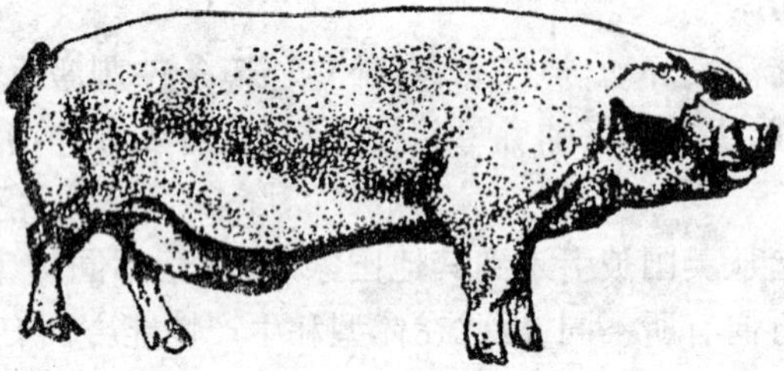

图 4-3　长白猪　（仿 Davidson H.R.）

消化能 8.8 兆焦(2 100 大卡)、可消化粗蛋白质 7.5%的饲养条件下,大白公猪的体况没有变化,但长白公猪明显表现体况下降,腰角显露,脊椎和肋骨明显可见。

长白猪行动轻巧,喜好活动。好胜心甚强,喜欢与生伴咬斗。母猪往往发情无明显求配行为,但阴门略有红肿,流出黏液,适时配种可受胎。每窝产仔 10～11 头。

3. 杜洛克猪　原产于美国,全体被毛红色,但个体间红色有浓淡之分,大多为樱桃红色,耳根举起,耳尖前倾下垂,体格健壮,四肢高健,背线稍弓,脸微凹(图 4-4)。

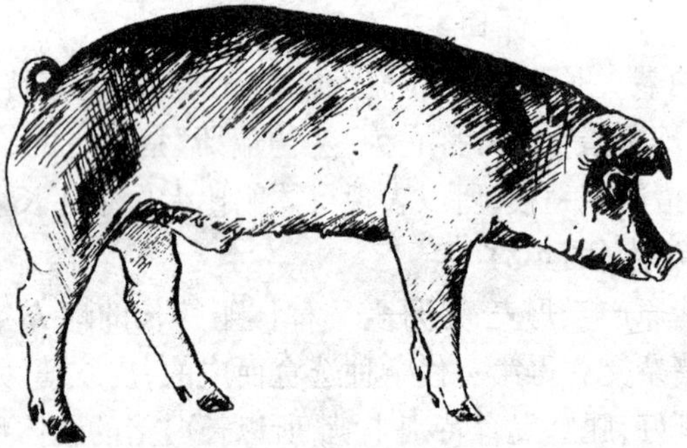

图 4-4　杜洛克猪

杜洛克猪体躯明显短于大白猪和长白猪,体宽也较窄,腿臀发育也不如大白猪和长白猪那样丰满。但生长速度快，它在美国八大猪的品种中排名第一。它的繁殖力较差，一般每窝产仔8～9头。

4. 汉普夏猪　原产于美国，毛色为两头黑，肩体部和前肢为白毛，因此形成一个白带环，白带环有宽有窄，有连接完全和不完全等情况(图4-5)。

图4-5　汉普夏猪

性温驯，懒惰好睡，不喜活动，母猪常睡着吃和拉，因此严重影响皮肤卫生和猪栏清洁，哺乳仔猪严重受到污染，肢蹄病大量出现(42%)，仔猪死亡率高。皮薄(有薄皮猪之称)，怕热，夏季喜浸水。产仔数比杜洛克猪还要低，一般每窝产仔8头。生长发育速度略低于长白猪、大白猪和杜洛克猪。躯干宽广，大腿丰满，与长白猪相当，体长比杜洛克猪长。汉普夏猪在美国八大猪的品种中，背膘薄度、眼肌和腿臀发育度都排名第一。

5. 皮特兰猪　原产于比利时，是在20世纪20年代由巴克夏猪与当地猪杂交所获第二代杂种育成，毛色为灰白色底，在躯干各部带有散乱不规则的黑色或红黄色斑块。躯干比较短缩，体长140～150厘米，但相当宽广，腿臀相当宽广丰圆，肌肉相当发育，腹线与背线平直，肢细而较短，但发育坚强。头轻短，额宽而微凹，耳短而宽大、水平向前(图4-6)。

图 4-6　皮特兰猪

皮特兰猪胴体瘦肉率可达 70% 以上，但对饲料条件要求很高，灰白肉较为多见，肉的品质较差。

(二)发育性能

大型瘦肉型品种种猪的发育情况因品种不同有差异，但差异不大。发育性能列于表 4-1，以供选种和培育后备种猪时参考。

表 4-1　大型瘦肉型品种种猪发育性能

月龄	公猪						母猪					
	活重等级(千克)			体长等级(厘米)			活重等级(千克)			体长等级(厘米)		
	特	Ⅰ	Ⅱ	特	Ⅰ	Ⅱ	特	Ⅰ	Ⅱ	特	Ⅰ	Ⅱ
2	20	18	16				20	18	16			
3	34	30	26				34	30	26			
4	50	45	37				48	43	37			
5	66	60	50				62	56	48			
6	84	76	64	120	116	112	78	72	50	115	112	104
7	102	92	78	128	122	118	96	88	74	124	118	111
8	118	108	94	134	128	120	110	102	88	130	124	117

续表 4-1

月龄	公猪						母猪					
	活重等级(千克)			体长等级(厘米)			活重等级(千克)			体长等级(厘米)		
	特	Ⅰ	Ⅱ	特	Ⅰ	Ⅱ	特	Ⅰ	Ⅱ	特	Ⅰ	Ⅱ
9	134	124	118	142	134	126	124	116	102	135	128	122
10	150	138	122	150	140	132	140	130	116	140	132	126
11	166	154	134	155	145	136	156	144	128	145	136	129
12	186	169	148	160	150	140	170	185	140	150	140	132
13	201	188	168	165	159	143	180	168	148	152	143	135
14	216	203	181	167	157	145	185	170	154	154	144	137
15	228	213	193	169	159	147	187	175	158	155	145	139
16	240	223	203	171	161	149	190	180	161	156	146	141
17	250	232	210	172	162	151	195	185	164	157	147	142
18	258	237	217	173	163	153	200	190	167	158	148	143
19	262	242	224	174	164	154	205	194	170	159	149	144
20	270	246	229	175	165	155	210	198	173	160	150	145
21	275	250	234	176	166	156	215	202	176	161	151	146
22	280	255	239	177	167	157	220	206	179	162	152	147
23	285	260	242	178	168	158	225	210	182	163	153	148
24	290	265	245	179	169	159	230	214	195	164	154	149
30	295	270	248	180	170	160	235	220	198	165	155	150
36 以上	300	275	250	180	170	160	240	225	200	165	155	150

注:早晨喂前空腹称重。体长,从两耳根中点连线的中点起用卷尺沿背脊量至尾根第一自然轮纹止

(三)生产性能

兹将其繁殖力、肥育性能和胴体品质等综合列于表 4-2。

表 4-2　大型瘦肉型品种猪的繁殖力、肥育性能和胴体品质

国家	品种	繁殖力		肥育猪					
		窝产仔数	断奶数	达 100 千克活重日龄	日增重（克）	饲料报酬	背膘厚（厘米）	眼肌面积（厘米^2）	大腿率（%）
英　国	大白猪	11.80	8.8	161.4	817	2.63	2.30	33.3	
	长白猪	10.90	9.5	181.8	679	2.76	2.15	33.2	
美　国	大白猪	11.30			918	2.58	2.20	33.0	
	长白猪	10.52			837	2.84	2.40	35.0	
	杜洛克	9.66			942	2.58	2.20	34.0	
	汉普夏	8.78			937	2.59	2.00	35.0	
荷　兰	大白猪	12.00	9.5	165.3	786	2.75	2.10	—	38.5
	长白猪	11.90	9.8	168.5	763	2.86	2.19	32.4	39.5
德　国	大白猪	11.70	10.0	160.0	828	2.87	—	34.9	—
	长白猪	11.30	9.6	166.0	782	3.04	2.10	37.4	—
丹　麦	长白猪	11.2	9.5	172.2	737	2.88	2.10	34.8	32.9
法　国	大白猪	11.2	9.3	163.0	804	3.10	3.30	—	—
	长白猪	11.0	9.0	172.0	738	—	2.10	—	—
加拿大	大白猪	—	10.0	166.1	780	2.74	2.90	—	31.5
	长白猪	—	9.5	166.1	780	2.95	—	2.90	
瑞　典	长白猪			176.2	712	—	1.87	33.4	
比利时	长白猪			179.0	695	—	1.93	38.4	
俄罗斯	大白猪	11～12		192.0	725	3.91	3.20	28.2	
	长白猪	11～12		194.0	697	4.05	3.40	31.7	
中　国	大白猪	10.70		—	689	3.04	2.48	33.3	
	长白猪	10.43		—	675	2.85	—	40.4	

注：饲料报酬为肥育猪单位增重（千克）所耗饲料（千克）

表 4-1 和表 4-2 基本上反映了国际通用瘦肉型各主要品种猪的发育和生产性能，这个水平是在其遗传性所要求的高能量、高蛋

白的饲养水平条件下获得的。

三、我国地方品种猪

我国地域广大，东西南北中各地区的自然条件、经济条件不同，人们饲养猪的方式也不同，因此猪的品种也各有其明显的地域特点。

（一）分　类

我国地方猪的体质外形和生产性能有明显的地域性，因此按其差异的地域性，本书试将我国地方猪大致划分为以下几种类型。

1. 华南型猪　广西、广东、福建和浙江等沿海各省、自治区的猪属这一类型。这些地方主产粮食，气候温和而偏高，猪的新陈代谢低，以青粗料为主适当搭配粮食，高度舍饲，因此这些地区的猪是一种体小、超早熟的小型脂用型猪，皮薄骨细，毛色为花色，成年种猪体长 100 厘米左右。

2. 华中型猪　从成渝地区起的长江流域的四川、湖南、湖北、江西、安徽和江苏等省广大地区的猪属这一类型。这些地区主产粮食，气候介于华北与华南之间，气候温和而稍偏低，猪新陈代谢显然比华南型猪要强，以青粗料为主适当搭配精料，高度舍饲，因此华中型猪在我国来讲是属于较大的、早熟的中型脂用型猪，皮薄骨细，成年种猪体长 120 厘米左右，除四川荣昌猪为全体白毛外，其余都是花色或浅黑色。

3. 华北型猪　长江以北的大华北地区（包括华北、东北、内蒙古和西北在内）的猪属于这一类型。这些地区气候偏冷，猪新陈代谢强，夏季放养，运动量较大，肌肉发育较好，冬季舍饲，以青粗料为主精料搭配，因此华北型猪是我国的一种晚熟、大型肉脂兼用型猪，皮厚骨粗，成年种猪体长 130 厘米左右，全体被毛黑色。

4. 高原型猪 青藏高原地区的猪属于这一类型,这里气候干寒,农耕粗放,猪放牧时间长,运动量大,肌肉发育较好,严冬舍饲,猪新陈代谢强,以青粗料为主,精料搭配少,所以这一地区的猪是一种小型的晚熟的肉脂兼用型猪,成年种猪体长约 80 厘米,毛色多为黑色,少数为棕色。

5. 亚高原型猪 云南和贵州地区的猪属于这一类型。这一地区气候比较温和,山地宽广,猪以放牧为主,运动量大,肌肉发育良好,耕地少,粮食产量不丰,猪以青粗料为主,粮食搭配少,因此这一地区的猪是一种早熟的、比华南型猪稍小的小型肉脂兼用型猪,成年种猪体长约 90 厘米,毛色有黑有棕。

(二)生产性能

我国地方猪品种繁多,据调查有 120 多个,由于对地方品种的划分没有严格标准,因此其中有的是同种异名。从 20 世纪 50 年代以来各地由于引入国际通用瘦肉型品种猪,普遍地与地方品种进行所谓"改良"杂交,因此有些地方猪品种已逐步消失。

由于地方猪品种繁多,本书不可能也无必要一一罗列出每个品种的生产性能,只能在每一类型当中选出一二个代表品种综合列于表 4-3 供参考。不同类型的猪在生产性能上有差别,但同一类型中的各品种猪的生产性能则大同小异。

表 4-3 我国主要地方品种猪生产性能

类型	品种	母猪成年活重(千克)	窝产仔数(头)	初生重(千克)	60 天个体重(千克)	肥育猪各月龄活重(千克)			日增重(克)
						6	7	8	
华南型	陆川猪	70	11.0	0.60	9.6			65	
	文昌猪	73	12.0	0.63	7.3			60	
	金华猪	78	12.0	0.75	11.0	52		78	

续表 4-3

类型	品种	母猪成年活重（千克）	窝产仔数（头）	初生重（千克）	60天个体重（千克）	肥育猪各月龄活重（千克）			日增重（克）
						6	7	8	
华中型	宁乡猪	98	9.5	0.93	11.5	75	94	120	586.8
	大围子猪	81	11.4	0.90	11.7	68	82		481.0
	沙子岭猪	116	11.7	0.90	11.8	64	86	110	530
	监利猪	101	11.5	0.83	11.5	75.5			567.4
	荣昌猪	110	10.0	0.81	12.0	70.0	90	105	
	太湖猪	120	14.0						450
华北型	东北民猪	148	14.7	0.98	12.2	67.0	85	106	500
	哈尔滨白猪	160	11.2	1.25	12.0	72.8		110	
	新金猪	143	10.0	1.10	14.0			106	
高原型	藏　猪	41	6.0					15（放牧）	
亚高原型	柯乐猪	66	6.0	0.76	12.0	50.0		60.0	

从表 4-3 的资料中可以基本上看出我国地方猪生产性能的情况。其中瘦肉率的参数，因原始资料没有说明月龄，故未列出。我国地方猪如果改善饲养条件，生产性能肯定还可以提高。

我国地方猪基本上不存在瘦肉型品种猪，我国地方猪的脂用型和肉脂兼用型品种就其体格类型来讲也不是典型的。

(三)特　点

1. 凹腰垂腹肚子大　这是华中猪和华南猪的最大特点，这一特点完全是高度舍饲、少运动、少见阳光和以青粗料为主等饲养管理条件造成的。

有人说，凹腰垂腹是地方猪最大的缺点，应予杂交改良。实则不然，这应该是地方猪的最大优点，不然它就不能生存。不改变农村的养猪条件，杂交也不能解决这一问题，杂交改良后它又会复原。现代农家养猪逐步推广采用干料或干湿料喂猪，凹腰垂腹肚子大的状况会得以解决。

2. 耐粗性强 我国地方猪的高耐粗性，既是特点，也是一大优点。由于耐粗饲，使猪大大减少了粮食的消耗，这也是我国在粮食很有限的条件下，养猪业能长期发展的重要原因。

3. 种猪小肥猪大 我国华中和华北地方猪，成年种母猪活重为100~150千克，在合理饲养条件下，它们的肥育猪6月龄活重可达75~80千克，与国外引进的中型品种猪的肥育猪活重差不多。可是我国地方品种母猪每头年需风干料量约1 100千克，国外引进大型瘦肉型品种母猪年约需风干料量1 800千克，而且风干量料的质量，后者比前者要高得多。因此，利用我国地方猪生产肥育猪特别是生产杂种肥育猪是最经济划算的。

4. 护仔性好 我国地方猪护仔性强，非常爱护和善于照料自己的仔猪，既不会粗心大意压死或踩死自己的仔猪，也极力保护仔猪免受敌害，往往能把它的全窝仔猪安全地哺育至断奶，仔猪育成率都在90%以上。

5. 肉质好 我国地方猪的肉，比起国际通用品种猪的肉来，特别芳香细嫩，柔软可口。肉的芳香性来于血红素。据尹镇华等研究，宰后24小时的猪肉肉质比较：总血红素，长沙大围子猪为0.116(光密度)，长白猪仅为0.061；肌纤维直径，大围子猪为45.41微米，长白猪为78.97微米；pH值，大围子猪为6.24(中性)，长白猪为5.53(酸性)。

我国地方品种猪肉由于血红素含量比国际通用品种猪肉要高出一倍，所以地方品种猪肉是血红色的，国际通用品种猪肉则是桃红色的。

如此看来，我们绝不能对我国地方品种猪妄自菲薄，在相当长时期内我国农村只能以青粗料为主喂猪的条件下，我国地方猪还是个无价宝，切不可盲目杂交“改良”。

四、关于我国培育品种猪的问题

所谓培育品种猪，就是利用大型瘦肉型品种猪与我国地方猪进行杂交以对我国地方猪进行改良所获得的杂种猪。

我国培育品种猪可以分为老培育品种猪和现代培育品种猪两类。老培育品种猪，就是20世纪50年代前（主要是30～40年代）农民在广阔的农村利用外国传教士引入的中白猪或巴克夏猪与当地猪进行无计划的盲目杂交所获得的杂种选育而成，如哈尔滨白猪、伊犁白猪、新金猪等。

现代培育品种猪是由各省、市科技人员利用国际通用大型瘦肉型品种猪与我国地方猪种杂交所获得的三品种杂种猪群选育而成，如湖北白猪、上海白猪等，几乎各省、市、自治区都有。其杂交方式大致为：

地方品种♀×长白猪♂×大白猪♂，或地方品种♀×大白猪♂×长白猪♂。

现代改良品种猪一般含大型瘦肉型品种的遗传性75%（按中间遗传规律计算），含地方品种的遗传性25%。

我国培育品种猪普遍存在遗传性不够稳定、种群数量不足等问题，致使一些培育品种自行消亡。因此，对培育品种的引用应更加慎重。

五、关于我国农村的杂种猪群问题

20世纪50年代以后，为了生产大发展，国际通用大型瘦肉型品种长白猪和大白猪被广泛地引入到全国各地农村，无计划地利用它们与当地猪杂交,杂交后又将杂种留做种用,因此,现在我国农村几乎到处都是与现代培育品种极为相似的杂种白猪,由于饲养条件没有得到改善,仍以青粗饲料为主,它们肥育猪的生产性能与原来地方猪并无多大差别,一般 10 月龄达到 100 千克左右,皮下脂肪层相当厚,成为典型的肉脂兼用型肥育猪。

农村的这些杂种白猪怎么办?在我国农村尚未建立起完善的猪的繁育体系组织的情况下,显然,它们既不能人为消亡,也不能自然消亡,因为它们群体大,可以将它们作为一个猪种看待,用作商品猪生产的母本。

思 考 题

1. 什么是猪的品种?
2. 什么是优良品种猪?
3. 国际通用大型瘦肉型品种猪的特点是什么?
4. 我国地方猪的特点是什么?
5. 你对当前农村的杂种白猪看法如何?
6. 你认为我国地方猪当前需不需要改良?如何改良?

第五章　猪的消化生理

一、口腔的消化

(一)咀嚼的消化作用

口腔的第一次消化是咀嚼,即用上下牙齿来咀嚼食物,目的是粉碎食物,以扩大食物与消化液的接触面积,为食物消化的化学作用做准备。牛马羊等草食兽是利用上下牙齿平磨咀嚼,几乎能将食物咀嚼成糊状再吞下;猪用上下牙齿压榨咀嚼食物,咀嚼很不完全。因此,猪饲料在饲喂前就需要人力辅助加工,如切碎或粉碎、煮烂。

(二)唾液的消化作用

饲料进入口腔在咀嚼过程中,由于化学的、机械的和精神的刺激作用即分泌唾液,实际上唾液的分泌,并不完全是食物进入口腔后才产生的,由于视觉、嗅觉和听觉(喂食前的各种讯号)等唤起大脑的记忆,也能分泌唾液。由前者的作用引起唾液的分泌,为无条件反射;由后者的作用引起的唾液分泌,为条件反射。

唾液是腮腺、颚下腺和舌下腺分泌出来的混合物,含有水分、黏蛋白和唾液淀粉分解酶。唾液的作用:一是润滑食物,使食物易于咀嚼、吞咽;二是由于唾液淀粉分解酶的作用,将食物的淀粉消化分解成糊精和麦芽糖(麦芽糖是由两个葡萄糖分子缩合而成,故称双糖。淀粉是由许多麦芽糖脱水缩合而成,故称多糖)。

唾液的分泌量与食物含水量呈负相关,即食物含水量越多,唾液分泌量越少,反之则唾液分泌量越多。所以含水量少的较干的饲料更能促进唾液的大量分泌,有利于饲料的消化;含水量高的饲料,不但使唾液分泌量减少,而且大大冲淡了唾液的浓度和影响对饲料的咀嚼,因而大大影响了饲料的消化。

唾液中还含有溶菌酶和免疫球蛋白,具有一定程度的消毒、杀菌、清洁和保护口腔的作用。

口腔和食道基本上没有吸收营养物的功能。

二、胃的消化与吸收

(一)胃液的分泌

猪胃由贲门部(靠近食管,为胃的上部)、底部(胃的中部)和幽门部(靠近十二指肠,为胃的下部)3 部分组成。

贲门部有分泌酶、黏液和盐酸的 3 种腺体。胃底腺主要分泌黏液。幽门腺分泌酶和弱碱性黏液。

胃液的分泌,是经过口腔消化过程的食物进入胃内后的直接刺激作用和食欲造成的。食欲则是由于咀嚼、味觉、嗅觉和视觉发生的。

(二)胃液的消化作用

1. 胃蛋白酶　胃蛋白酶又称胃泌素或胃液素。胃蛋白酶是由贲门腺和幽门腺分泌的蛋白酶原转化而来,蛋白酶原经胃液中的盐酸或已经被激活的蛋白酶的激活即转变为具有催化活性的蛋白酶。所以胃液中如果缺乏盐酸或盐酸不足,蛋白酶就不能被激活,即不能发挥酶的作用。最适于激活蛋白酶原的 pH 值为 1.5 ~ 2.0。蛋白酶的活性随着 pH 值的升高而降低,pH 值达到 6 以上时,即发生不可逆转的变性,完全失去活性而不可恢复。

胃蛋白酶能够将食物中的蛋白质水解为蛋白胨，这是一种未完全水解的蛋白质产物，是一种复杂的多肽混合物(多肽是由 3 个以上氨基酸组成，比蛋白质略为简单)。所以食物中的蛋白质在胃内不能被完全消化，因此也不能为胃所吸收，胃蛋白酶只是起一种为肠消化吸收食物中蛋白质的准备或初步作用。

2. 胃淀粉酶　胃淀粉酶对多糖类淀粉碳水化合物也只能起轻度分解作用。仔猪需在生后 6～7 日才分泌淀粉酶，因此仔猪喂食不能早于 7 日龄。

3. 凝乳酶　胃液中的凝乳酶在微碱性或微酸性环境中就能凝固乳汁。哺乳幼畜的胃液中含有丰富的凝乳酶，凝乳酶能水解乳中酪素蛋白为酪蛋白胨。胃蛋白酶(胃泌素)和胰蛋白酶也有凝乳的作用。凝乳作用是酪蛋白的初步水解现象，同时使动物产生饱食感。由于凝乳块与胃黏膜接触，能对幼畜幼嫩的胃黏膜起保护作用，有利于幼畜采食固体食物。所以幼畜所需的乳料不能以其他固形食物来取代。

4. 盐酸　盐酸又称胃酸。胃酸有以下作用：

第一，激活胃蛋白酶和凝乳酶，使其产生水解相应蛋白质的作用。

第二，在蛋白质消化时，给胃蛋白酶和凝乳酶提供最适酸碱度，使蛋白质变性而易于水解消化。

第三，盐酸随胃内半消化的食糜进入小肠，能促进小肠液、胰液、胰蛋白酶和胆汁的分泌。并有利于小肠对铁、钙的吸收。

第四，具有杀菌作用。

第五，能水解少量的糖质。

仔猪在 3 周龄内胃内缺乏游离盐酸，其蛋白质的消化依靠胰蛋白酶，其胃肠对细菌病毒的抵抗力很差，不洁的环境和饮水往往会使仔猪染患致命的胃肠病。

5. 黏液　胃黏液由可溶性黏蛋白和非溶性糖蛋白组成。胃黏液具有很大的黏稠度,为水的30～260倍,故呈凝胶状。

(三)胃的运动

胃的运动也是一种消化作用。胃空虚时,关闭贲门和幽门,保持休息状态。

1. 舒张运动 当动物咀嚼和吞咽时,由于食物对咽和食管的刺激反射,使胃平滑肌舒张,扩大胃的容积,以容纳食物,故胃的舒张运动又称容纳运动。

2. 压缩运动 食物进入胃内不久(约5分钟),胃的前半部即有节奏地产生压缩运动,将食物从贲门部压向幽门部。

3. 蠕动 随着压缩运动,胃的后半部即产生蠕动运动,蠕动从胃中部大弯开始,有节律地向幽门方向推进,其蠕动的强度从前向后逐渐增强,一直达到幽门甚至达到十二指肠。

食物不在胃的前半部混合,而是在胃的后半部依靠胃的蠕动进行充分搅拌混合,这时胃液混入食物里,然后由于幽门的运动,胃内的食糜逐渐进入十二指肠。

幽门的开口运动是由于反射作用引起,即幽门因为食糜胃酸的增加而开口,当胃内酸性食糜进入十二指肠,与十二指肠中的碱性液中和时,幽门就封门,后面的酸性食糜再来到幽门时,幽门又重新开口,如是反复进行。

饮水沿胃上的小弯到达幽门之后,立即排入小肠,所以不会稀释食糜。

在精神高度兴奋时,致使控制胃运动的交感神经受到影响,胃的运动就会停止,因而消化不良。进食时,如果环境舒适和谐,食物味色鲜美,则可促进胃液分泌和胃的运动,因而有助于食物消化。

食物中脂肪过多时,使幽门开口迟缓,因而使食物长时间滞留胃内,继续产生饱的感觉,甚至产生消化不良和急性胃炎。

(四)胃的排空

胃内食物进入十二指肠的过程称为胃的排空。胃的运动是胃排空的促动力。幽门口的括约肌是胃排空的节制阀,以控制不同性质和形态的食物排空的时间。一般来讲液体食物比固体食物排空快,颗粒小的食物比粗糙食物排空快,易消化的食物比难消化的食物排空快,脂肪排空慢,糖类食物比蛋白质食物排空快,因此过于粗糙的食物、脂肪和蛋白质食物摄入超量而过多时,都会引起消化不良和急性胃炎。

(五)胃的吸收

所谓吸收,是胃肠内被消化了的食物的营养物质,从胃肠壁被送进血液或淋巴中,通过血液再输送到各组织细胞中而被利用。

由于食物在胃内被消化的程度非常有限,它基本还只是对食物初加工的储藏库,并不能为胃所吸收,所以胃对食物中营养物质的吸收非常有限,一般只吸收乙醇、极少量的水和无机盐等物质。

三、小肠的消化与吸收

小肠由十二指肠、空肠和回肠三部分组成。小肠壁上无数小腺能分泌含多种消化酶的小肠液。

(一)小 肠 液

小肠液是由小肠腺和十二脂肠腺所分泌。前者分布于小肠的黏膜层,其分泌物是小肠液的主要成分;后者位于十二指肠黏膜下层。

小肠分泌大量的小肠液以稀释来自胃内的营养物质,降低营养物质的渗透压力以利于小肠壁的吸收。

小肠液中的肠激活酶可以激活胰蛋白酶原,使其成为胰蛋白酶而分解消化食物中的蛋白质。

小肠液中的蔗糖酶和乳糖酶能分解消化母乳中的碳水化合物。

小肠液中的肠肽酶分解多肽和二肽使其成为可消化吸收的氨基酸。多肽(三肽、四肽)和二肽是蛋白质初步分解的产物,二肽可分解为二个氨基酸。

小肠液中的海藻糖酶、麦芽糖酶和异麦芽糖酶分解消化麦芽糖为可吸收的葡萄糖。

小肠不断地分泌小肠液,当食糜进入十二指肠时分泌量加大。胰泌素和胆囊的收缩,也会刺激小肠液的分泌。肾上腺皮质激素对肠液中酶的分泌有促进作用。

(二)胰腺消化液

胰脏类似腮腺的构造,胰腺具有内分泌和外分泌的功能,内分泌是分泌胰岛素,外分泌就是向十二指肠内来自胃内的食糜注入强有力的消化液(在十二指肠的前部分有一个分泌胰脏和肝脏强力消化液的大型腺排出管口)。猪每天胰液的分泌量达 7.2 克。胰液内含有多种消化酶。

1. 胰蛋白酶原 在小肠内胰蛋白酶原受肠激酶的作用而激活成胰蛋白酶,它能将食糜中的蛋白质水解为缩氨酸,进而再分解为可吸收的氨基酸。

2. 胰凝乳蛋白酶原 在小肠内受胰蛋白酶的作用而激活成胰乳蛋白酶,它既能强力促使乳汁凝固,又具有使半被水解的蛋白质水解为氨基酸。

3. 羧肽酶 能分解氨基酸的游离羧基。

4. 胰脂酶 胰脂酶在胆盐和辅酶的共同作用下,能使中性脂肪分解成可吸收的甘油、脂肪酸和甘油一酯。

5. 胰卵磷脂酶　分解卵磷脂。

6. 胰胆固醇酶　分解胆固醇。

7. 胰淀粉酶　将淀粉分解成糊精和麦芽糖。

可见胰脏是一个很重要的消化器官,发生功能障碍时,碳水化合物和脂肪的分解消化受到严重影响,但对蛋白质的分解消化影响不大。

(三)胆汁的分泌

肝细胞经常分泌胆汁,在消化期,胆汁由肝细胞生成后由肝管流出,经胆总管进入十二指肠。

在消化间隙期,胆汁由胆总管转入胆囊管进入胆囊。胆囊有浓缩贮存胆汁、调整胆汁分泌压、产生类似黏蛋白的黏性物质、延缓胆汁盐的吸收和门脉血的溶血等作用。

胆汁内主要有胆汁盐、胆固醇、胆色素、脂肪酸和卵磷脂,没有酶。

胆汁盐是由胆汁中的胆汁酸与甘氨酸或牛黄酸结合而成,在正常情况下,胆汁盐与胆固醇、卵磷脂三者保持一定的比例关系,使胆固醇成溶性状态,如果这种比例关系失调,胆汁盐和卵磷脂过少,胆固醇的比例增高,胆固醇就会形成结石。

胆固醇和卵磷脂与胆汁盐一起是脂肪的乳化剂,使脂肪表面张力降低,形成微滴,从而增加与脂肪酶作用的面积;胆汁盐又是胰脂酶的辅酶,可以增强胰脂酶的活性;胆汁盐可以中和胃酸,为胰脂酶的活性保持适宜的 pH 值;胆汁盐可与脂肪的分解产物脂肪酸、甘油一酯形成水溶性复合物聚合成微胶粒,以利小肠对脂肪分解产物的吸收;胆汁盐可促进维生素 A、维生素 D、维生素 E、维生素 K 等脂溶性维生素的吸收;胆汁盐能维持胆固醇的正常代谢,使其合成、降解、吸收和排泄保持平衡。所以胆汁在脂肪的消化和吸收中有非常重要的作用。

(四)小肠的运动

1. 非消化期运动　小肠由十二指肠经空肠至回肠末端进行有节律的复合收缩运动,以防止结肠内的细菌逆向进入小肠,并同时将小肠内的残留物清除到结肠,以利进一步消化。

2. 消化期运动　除了紧张性复合型收缩波运动以外,还轮流进行分节运动、蠕动和摆动等3种运动。

(1)分节运动　是最主要的运动方式。肠上许多点的环形肌同时收缩,将肠内食糜分成许多小段,收缩处呈环状凹陷,未收缩处因食糜而使肠鼓起,于是整个小肠就形如一条一节一节扎了线的初制的、尚未从扎线处剪断的长香肠,然后原来收缩处舒张,舒张处收缩,如此轮流反复进行。其作用:一使消化液与食糜充分混合有利分解消化食糜,二使食糜与肠壁紧密结合有利营养物质吸收,三使食糜逐渐由前向后移行。

(2)蠕动　是小肠环形肌和纵行肌由前向后的波状推进运动。其方式有两种:一种是迟缓而短距离的推进运动,一种是迅速传到全肠的长距离运动,以把食糜由前向后推进进行分解消化。

(3)摆动　肠一侧的纵行肌收缩,另一侧纵行肌舒张,两侧纵行肌张与缩交替进行,以使食糜与消化液充分混合有利分解消化。

(五)小肠的吸收

小肠是吸收营养物质最主要的消化器官,大部分营养物质都被小肠吸收。

来自饲料中的水和饮入的水,绝大部分在小肠被吸收,极少量从粪便排出。

来自饲料和消化液的氯和钠,95%～99%在小肠内被吸收。钙在进入肠内的胃酸(促进钙游离)、脂肪和维生素D的帮助下,大部分在回肠被吸收。铁在维生素C(将饲料中高价铁还原为可吸收的亚铁)和进入小肠的胃酸帮助下,绝大部分在十二指肠和空肠被吸收。

蛋白质在小肠内分解消化成氨基酸被全部吸收。

糖类物质只有单糖才能被吸收。

淀粉类碳水化合物在淀粉酶作用下先分解成麦芽糖,继又由麦芽糖酶分解成葡萄糖,大部被小肠吸收。

乳汁中的乳糖分解成葡萄糖和半乳糖,大部分在小肠被吸收。

生物体中的核糖是单糖,大部直接被小肠吸收。

脂肪在脂酶的作用下分解为甘油、脂肪酸和甘油一酯,大部分在小肠吸收。

四、大肠的消化与吸收

大肠由盲肠、结肠和直肠组成。

(一)大肠的消化

进入大肠的食糜仍含有丰富的营养物质,其中主要是粗纤维。

大肠的消化功能:一是吸收食糜和剩余残渣中的水分;二是依靠细菌的发酵和分解作用消化粗纤维;三是将食糜残渣形成粪便排出。

粗纤维是组成植物体细胞壁的重要部分,是植物体的支撑物质,质地坚硬,越是老化的植物体,粗纤维含量越高,质地越坚硬,它是由许多葡萄糖分子组成,故为多糖类物质。

大肠黏膜中的腺体分泌大量的大肠液,含有少量的消化酶,但其对营养物质的消化作用不大。

结肠特别是盲肠是繁殖和栖居微生物的主要场所,粗纤维通过细菌发酵后可将其中一部分分解成可吸收的葡萄糖。猪的盲肠不发达,因此猪对粗纤维的利用很差。

由小肠进入大肠的食糜，其中未被消化的蛋白质、糖和脂肪，由随食糜进入大肠的小肠消化液和大肠中的细菌共同作用进行分解消化。

细菌还能利用大肠内的简单物质合成 B 族维生素和维生素 K。

（二）大肠的运动

袋状往返运动。大肠环状肌无规律地进行非推进性的分节运动，使结肠内容物在肠内往返运动，以利于肠壁吸收食糜中的水分。

1. 推进性分节运动　与小肠的分节运动相似。

2. 蠕动　与小肠的蠕动相似。

3. 集团运动　从横结肠起进行速度快、传播远的收缩运动，使大肠内食物残渣形成粪团向直肠推进。

（三）排　粪

在结肠内被吸收了水分和剩余养分的食物残渣，聚集在结肠末端，当进入直肠后，直肠由于反射即进行蠕动，使肛门括约肌松弛，同时因反射作用而使腹肌收缩以增加肠压，将粪便排出。

思　考　题

1. 根据口腔消化的特点，在猪的饲养上应注意什么问题？
2. 胃的消化特点是什么？
3. 为什么要特别注意 3 周龄内的仔猪的清洁卫生？
4. 大部分的营养物在消化道内的什么地方被消化吸收？
5. 大肠的消化特点是什么？
6. 各种营养物质被消化成什么形态吸收？

第六章　猪的营养与饲料

一、猪的营养需要

（一）碳水化合物

碳水化合物又称糖，作为饲料中营养物质的，主要是多糖淀粉碳水化合物和多糖纤维素碳水化合物。

碳水化合物是猪体产生能量（热能）最基本的营养物质，当然蛋白质和脂肪也能产生能量，而且能产生比碳水化合物更高的能量，碳水化合物产生的物理热价为 1 时，蛋白质和脂肪产生的物理热价则分别为 1.37 和 2.38。但是蛋白质和脂肪价值昂贵，作为猪的能量营养很不经济，而且蛋白质和脂肪也不能多吃，多吃就会发生消化障碍。

猪维持体温、消化食物、运动、生长发育和生殖等都需要能量，猪从碳水化合物中获得能量满足以上种种需要以后，如有剩余，则转变为脂肪贮积于体内。

年幼的猪，新陈代谢强，体温高，活动强度大，生长发育快，因此更需要大量的能量；成年猪由于新陈代谢减弱，生长发育减缓或停止，活动强度降低，因此对能量的生理要求已大大减少，为了防止过多贮积脂肪，应控制能量，控制富含碳水化合物的饲料供应。各种年龄和活重的猪对能量的需要大致如表 6-1 所示。

表 6-1　各种年龄和活重的猪对能量的需要量

体重（千克）	每千克体重维持日需		总体重维持日需		每增重 1 千克需要	
	兆焦	千卡	兆焦	千卡	兆焦	千卡
5	0.54	120	2.50	600	13.44	3200
10	0.42	100	4.20	1000	15.12	3600
15	0.33	80	5.00	1200	16.80	4000
20	0.31	75	6.30	1500	18.48	4400
25	0.29	70	7.35	1750	20.16	4800
30	0.27	65	8.19	1950	21.84	5200
35	0.25	60	8.82	2100	23.52	5600
40	0.25	60	10.08	2400	25.20	6000
45	0.23	55	10.39	2475	26.88	6400
50	0.23	55	11.55	2750	28.56	6800
55	0.21	50	11.55	2750	30.24	7200
60	0.21	50	12.60	3000	31.92	7600
65	0.21	50	13.65	3250	33.50	8000
70	0.21	50	14.70	3500	35.60	8400
75	0.21	50	15.75	3750	36.96	8800
80	0.19	50	16.80	4000	38.64	9200
85	0.19	45	16.37	3825	40.32	9600
90	0.19	45	17.01	4050	42.00	10000
100	0.19	45	18.90	4500	46.20	11000
120	0.19	45	22.68	5400	50.40	12000
140	0.17	40	23.52	5600	54.60	13000
160	0.17	40	26.88	6400	58.80	14000
180	0.17	40	30.24	7200	63.00	15000
200	0.15	35	29.40	7000	67.20	16000
250	0.15	35	36.75	8750	75.60	18000
300	0.15	35	44.10	10500	84.00	20000

从表 6-1 的资料可以看出：其一，猪体重维持所需能量，就每千克体重需要量来讲，越是年幼的猪需要量越大；就整体重需要量来讲，则越是年龄大和体大的猪需要量越大。其二，每增重 1 千克所需能量，越是年幼的猪需要量越少，越是年大的猪，由于其增重主要是脂肪，因此所需能量越大。所以总的来讲，幼猪应该给予高能量的饲料使其快速生长发育，大猪则应节制能量以防止脂肪过多贮积，并且饲养体重过大的猪，由于其硕大的整体重和每增重 1 千克都要较大量的能量，因而在经济上是很不合算的。

(二)蛋 白 质

蛋白质是猪体特别是幼年猪体的主要成分，肌肉、皮肤、神经和内脏器官主要是由蛋白质组成，特别是作为生命基础的、生活力表现的新陈代谢，其中各种复杂的化学反应(包括营养吸收、转化、废物排泄等)，都是依靠酶蛋白的作用，没有酶蛋白，就没有新陈代谢，就没有了生命活力，可见蛋白质对生物有机体的重要性，蛋白质在猪饲料中的重要性。

蛋白质是由各种氨基酸组成的。饲料中的蛋白质在消化道内依靠蛋白酶的作用分解成氨基酸后被吸收进入血液中，然后再将这些氨基酸依靠蛋白酶的作用组成自身的蛋白质，如肌肉、皮肤、神经、内脏器官和酶等。动物组成自身特定蛋白质的氨基酸有 20 多种，有些是能自身利用碳水化合物或其他营养物质来合成的；有些是自身不能合成的，必须从饲料中得到，这些氨基酸称为必需氨基酸，共 10 种。不同饲料中蛋白质所含的必需氨酸是不同的，因此为了使猪能获得全面的必需氨基酸必须多种饲料配合，以达到必需氨基酸互补作用。

在各种氨基酸中，赖氨酸和蛋氨酸是最重要的，这两种氨基酸分别称为第一、第二限制性氨基酸，又称蛋白质强化剂，它们在饲粮中不足时，就会限制其他氨基酸为猪体所利用。所以它们是主要的营养性添加剂,一般在饲粮中要额外补添这两种氨基酸,以有助于强化饲粮中蛋白质的功能,强化营养,促进猪的生长发育,从而降低饲料消耗,缩短猪的饲养周期,提高经济效益。

据研究,1 吨赖氨酸可以节省 125 吨饲粮,可多产 10~16 吨猪肉,可代替 12~14 吨鱼粉或豆饼。

饲粮中粗蛋白质为 13.8%时,添加 0.15%的蛋氨酸与含粗蛋白质 16.7%的饲粮比较,前者效果更好。

在含粗蛋白质 16.11%的饲粮中加入 0.1%赖氨酸和蛋氨酸,其饲养效果与含粗蛋白质 18.25%的饲粮是一样的。

蛋白质也同能量一样,越是幼猪蛋白质的需要也越多,缺乏蛋白质或蛋白质食入不足的猪就表现体质下降,发育迟缓,如美国明尼苏达试验站试验的结果(表 6-2)。

表 6-2　饲粮中蛋白质含量与猪的生长发育

饲粮组成（%）	试验猪分组			
	1	2	3	4
黄色玉米	97.0	74.7	75.0	77.5
豆　饼	—	6.3	10.3	20.0
肉骨粉	—	12.2	5.0	—
苜蓿粉	—	6.3	6.2	—
亚麻饼	—	—	2.5	—
骨　粉	2.5	—	0.5	2.0
食盐及微量元素	0.5*	0.5*	0.5	0.5
多维及抗生素	—	—	+	+
肥育结果:				
始重(千克)	18.0	18.8	18.1	18.5
末重(千克)	28.2	80.8	86.4	95.6
肥育天数	105.0	105.0	105.0	105.0
平均日增重(克)	95.0	590.0	653.0	739.0
饲料报酬	8.11	3.55	3.2	3.18

注:1. 多维,即多种维生素混合物(市售);2. * 为有食盐但无微量元素;3. 饲料报酬为每增重 1 千克所耗饲料(千克)

从表6-2可以看出,1号试验组虽然饲喂了高比例、高能量的玉米,但因缺乏蛋白质饲料,猪的生长发育很差。2号试验组的饲粮适当降低了高能量饲料玉米的比例,添加了高蛋白饲料肉骨粉、苜蓿粉、豆饼,结果肥育猪的增重明显提高。3号、4号试验组特别是4号试验组给予了足够的蛋白质营养,猪的增重更为理想。

从一般原则上讲,各种活重或月龄阶段的猪,饲粮中蛋白质含量及能量与蛋白质之比见表6-3。

表6-3　饲料中蛋白质含量及能量与蛋白质之比

活　重（千克）	饲料中每4.2兆焦（1000千卡）需蛋白质（克）	每千克饲料含12.6兆焦（3000千卡）时需蛋白质（%）
35以下	50～40	15～12
35～90	40～30	12～9
90～180	30～20	9～6
180～300	20～15	6～4.5

在高能量的饲粮中,蛋白质不足时不仅使猪增重降低,而且产生蛋白质饥饿症,猪群中个体间会互相咬耳朵、咬尾巴、咬肩部、臀部等全身突出部位,有些弱猪甚至被咬死。

鱼粉、肉骨粉和蚕蛹是猪的优质蛋白质饲料,含粗蛋白55%左右。其次是豆类及各种饼粕类,粗蛋白质含量在35%左右。幼嫩的青绿饲料特别是豆科青绿饲料,蛋白质含量也颇丰富,按风干量计算,含粗蛋白质一般为12%～15%。

(三)维生素

维生素又叫维他命,种类很多,它们在猪体内的新陈代谢过程中,起辅酶的作用,催化某些化学反应,各生理年龄阶段都不可或缺。其中对猪的营养起主要作用、须特别注意从饲料中提供的维生素是维生素A、维生素D和B族维生素。

1. 维生素A 猪并不是从饲料中直接获取维生素A,而是获取胡萝卜素,被吸收的胡萝卜素在肠壁上转变成维生素A。所以胡萝卜素被称为是维生素A原。

维生素A缺乏时就会使猪生活力降低,体质衰弱,抵抗力降低,眼球干燥,视力减弱,毛、皮、各器官黏膜等硬化枯萎。

胡萝卜素广泛和大量存在于各种幼嫩的植物体中和胡萝卜中。开花后老化的植物,胡萝卜素的含量大大减少,收割后的植物经日晒雨淋也会使大量胡萝卜素被氧化破坏,青绿和多汁类(瓜类和萝卜类)饲料在煮沸过程中逐渐加温和冷却因氧化作用而使胡萝卜素被破坏。急速暴晒成的绿色干草胡萝素含量虽有损失但仍很丰富。

2. 维生素D 维生素D能促进钙和磷的代谢,缺乏维生素D时,磷和钙就不能被吸收利用。

饲料中的磷和钙一般是以有机物的形式存在的,不能被猪直接吸收利用,必须先在肠内形成无机化合物,即形成磷酸钙的形式才能被吸收。而磷酸钙的无机化过程,必须在维生素D的直接参与下才能进行,这是因为维生素D能激活骨骼中的磷酸酯酶,而磷酸酯酶则能使有机化合物中的磷酸无机化,促进磷酸游离,而无机化的游离磷酸即与钙结合成磷酸钙贮存于骨中促进骨骼发育。

维生素D对幼猪和妊娠、哺乳期的母猪特别重要。幼猪正在生长发育时期,长骨骼和牙齿需要大量的钙和磷。哺乳期的母猪要分泌大量的乳汁(日产乳达6~10千克)以哺育仔猪,乳汁中含有丰富的钙和磷,如果哺乳母猪得不到丰富的维生素D以吸收钙和磷,就削减自身骨骼中的磷和钙来补充,因此而往往造成高产母猪(窝产仔猪数多,仔猪发育硕壮)瘫痪。妊娠母猪如果维生素D不足而影响磷和钙的吸收,往往会造成全窝仔猪死产。

鱼粉中含有丰富的维生素D。动物在阳光紫外线的照射下,就能在皮肤下合成维生素D,因此猪的户外活动十分重要。

3.B 族维生素　B 族维生素包括维生素 B_1、维生素 B_2、维生素 B_6、烟酸、泛酸、叶酸和维生素 B_{12}，其作用各有不同。对猪来讲，主要是维生素 B_1 和维生素 B_2。

(1)维生素 B_1　是猪体内葡萄糖代谢所必需的催化剂，又有抗神经炎的作用。大量存在于糠麸中。因缺乏而害神经炎时，猪就难以站立，并引起舌头麻痹，进食困难。

(2)维生素 B_2　又叫生长促进维生素，在绿色植物中含量丰富，糠麸中含量很少。猪缺乏时食欲减退，生长停滞。

(四)矿物质

猪所需要的矿物质营养有钙、磷、氯、钠、钾、镁、硫等常量元素和铁、铜、锌、钴、锰、硒等微量元素，它们是有机体的组成部分，同时也参与新陈代谢中各化学反应的调节作用，不可或缺。现仅就其中对猪体需要量较大的钙、磷、氯和钠的营养作用概要说明于下：

1. 钙和磷　钙和磷占体内矿物质的成分 70% 以上，它们是一对总是结合在一起不可分离又相互影响的孪生兄弟，饲料中钙和磷的比例一般以 2:1 为宜。所以必须一起讨论。

钙和磷的作用已在前面讨论维生素 D 时说得很详细了，不必重复。磷在谷实类饲料中含量丰富，以精料或以糠麸类饲料喂猪时，一般不会缺磷。钙主要存在于草类饲料中，豆科草类含钙特别丰富，因此以精料为主喂猪时，必须另外补钙。蚌壳粉、蛋壳粉、骨粉和石灰石粉是钙的补充料，含钙 30%左右。

2. 钠和氯　钠和氯结合成食盐(氯化钠)而存在，是向机体组织输入或输出水分、保持机体渗透压和酸盐基平衡的重要物质。例如动物如果大量出汗，盐分随汗大量排出，造成动物机体细胞失水失盐，这时如果大量饮水，因缺盐而不能调节细胞内外间的渗透压，大量水液潴留在细胞间隙中，不能进入细胞内，因而动物就会产生痉挛症,如果在饮水中加入食盐,则可使细胞补充水分,保持细胞内外水液渗透压力平衡,就不会发生痉挛现象。

动物缺钠时,还会降低碳水化合物和蛋白质的利用,降低繁殖力。

钠也可以增进食欲,提高采食量,提高营养物质的吸收利用率。

植物性饲料中含钠很少,一般在饲粮中另加食盐以补充钠。

二、猪的饲料

(一)添加剂饲料

添加剂饲料是指在常用的基础饲粮中微量添入的饲料。其作用是平衡营养,保健,促生长,增食欲,防饲料变质。

1. 营养性添加剂

(1)维生素添加剂　作为营养性添加剂的维生素有维生素 A、维生素 D、维生素 E、维生素 K、维生素 B_1(硫胺素)、维生素 B_2(核黄素)、维生素 B_3(泛酸)、维生素 B_4(胆碱)、维生素 B_5(PP、烟酸、尼克酸)、维生素 B_6(吡哆酸)、维生素 B_7(生物素)、维生素 B_{10}(叶酸)、维生素 B_{12}(钴胺素、氰钴胺)和维生素 C(抗坏血酸)等。

各种猪所需各种维生素添加剂的配合(各种维生素的添加量比例)分别于本书后面讨论各种猪的饲养管理时列于预混料中。

现在已有适于肥育猪用的市售商品复合维生素,又称多维或维生素预混料,其配方如下:

维生素 A(百万单位)	8.10	维生素 B_2(克)	2.25
维生素 D(百万单位)	1.62	维生素 B_3(克)	3.75
维生素 E(克)	2.70	维生素 B_5(克)	5.25

维生素 K(克)	0.75	维生素 B_{10}(克)	0.075
维生素 B_1(克)	0.30	维生素 B_{12}(毫克)	4.5

以上加糠麸作为载体料(稀释料)配至1吨,在基础饲粮中加入0.1%。

(2)微量元素添加剂　用作微量元素添加剂的矿物质主要为铜、铁、锰、锌、钴、碘、硒。一般不用其纯品,而用其化合物,其常用的化合物及各化合物所含其微量元素如表6-4。

表6-4　矿物质(微量元素)化合物

盐类化合物	含微量元素(%)	盐类化合物	含微量元素(%)
碳酸铜	铜　53.0	碳酸锌	锌　52.1
硫酸铜	铜　25.5	硫酸锌	锌　22.7
氧化铜	铜　80.0	氧化锌	锌　80.3
碳酸钴	钴　49.5	碳酸锰	锰　47.8
硫酸钴	钴　24.8	硫酸锰	锰　32.5
氯化钴	钴　73.4	氧化锰	锰　77.4
碳酸铁	铁　41.7	碘化钾	钾　76.4
硫酸铁	铁　20.1	碘酸钙	钾　60.0
硫酸铁($7H_2O$)	铁　36.7		
氧化铁(无水)	铁　69.9	亚硒酸钠	硒　66.9

矿物质微量元素化合物的国家标准见表6-5。

表6-5　矿物质微量元素化合物的国家标准

矿物微量元素化合物	水分(%)	纯度(%)	元素量(%)
硫酸亚铁($FeSO_4 \cdot 7H_2O$)	<1.0	>98.0	>19.68
硫酸铜($CuSO_4 \cdot 5H_2O$)	—	>98.5	>25.0

续表 6-5

矿物微量元素化合物	水分(%)	纯度(%)	元素量(%)
硫酸锰($MnSO_4 \cdot H_2O$)	—	>98.0	>31.8
硫酸锌($ZnSO_4 \cdot 7H_2O$)	—	>99.0	>22.5
($ZnSO_4 \cdot H_2O$)	—	>98.0	>35.0
氯化钴($CoCl_2 \cdot 6H_2O$)	—	>98.0	>24.3
碘化钾(Kl)	<1.0	>99.0	>75.7
亚硒酸钠(Na_2ScO_2)	<2.0	>98.0	>44.7

矿物质微量元素添加剂添加量如表 6-6。

表 6-6　矿物质微量元素在饲料中的添加量

元素	添加量(毫克/千克)	元素	添加量(毫克/千克)
铁	50~120	钴	0.1
铜	10~15	碘	0.1~0.2
镁	30~50	硒	0.1~0.2
锌	50~60		

各种猪所需微量元素,将于后面讨论各种猪的饲养管理时分别列于各种猪的预混料中。

(3)氨基酸添加剂　主要是蛋氨酸和赖氨酸等氨基酸强化剂,其特殊的强化作用已于前面讨论蛋白质的营养作用时作了详细介绍。各种猪所需氨基酸添加剂的量将于后面讨论各种猪的饲养管理时,在各种猪的预混料中列出。

2. 抑菌促生长添加剂　生长促进剂属于非营养性添加剂,主要作用是提高饲料利用率,保护健康,促进生长。

(1)抗生素　既促生长又可抑菌。猪宰前 1 周停用。

盐霉素(沙立菌素):每吨饲粮中加入 25~75 克,可提高增重

13%，节约饲料8%（据黄俊纯）。

泰乐霉素：3～4月龄肥育猪饲粮每吨加入15～40克；4～6月龄肥育猪饲粮每吨加入5～20克，提高增重10%～14.8%，节约饲料6%（据Антйлов）。

威霸先：每吨饲粮加入50克，对控制由支原体引起的慢性呼吸道疾病效果良好。使死亡率降低1.6%，增重提高9%，节约饲料8%。

维支尼亚霉素：又称钚霉素。广泛用作猪生长促进剂，每吨饲粮加入40～50克，可提高增重11%，节约饲料5%（据Hogberg）。

（2）抗菌促生长剂　猪宰前1周停用。

乃托文：每吨饲粮加入10～20克，可提高增重11.8%，节约饲料9.5%。

卡巴多：又名喹肼酯。50千克以内小猪，每吨饲粮加入50～60克，可提高增重22.4%（据美国）。对革兰氏阳性和阴性等许多细菌都有较强的抗菌作用。对预防仔猪各种胃肠病效果良好。

喹肼胺醇：又名倍育诺、喹乙醇、快育灵、奥拉金。抗菌力强，增重快，每吨饲粮加入50克，30天增重提高29.1%，日均增重9.1%。喹肼胺醇在世界各国和我国被广泛使用。

麦卡多：又名肉加多。预防和治疗各种肠炎（沙门氏杆菌病、白痢、血痢等）。活重55千克以下猪的饲粮中按55毫克/千克添加，可提高增重22.4%。本品为世界各国广泛使用。

（3）生长激素　猪每千克活重日注射60～120纳克，可提高增重15%～18%，节约饲粮24%，胴体脂肪减少55%，瘦肉增长15%～18%，背膘厚大大降低。猪宰前1周停用。

（4）酶制剂　在饲粮中加入淀粉酶、蛋白酶、纤维素溶解酶等0.02%～0.04%，平均日增重可提高10.07%，节省饲料7.88%～8.58%。

3. 驱虫保健添加剂　越霉素A，4月龄内猪饲粮内加入

0.5%~1.0%,宰前3天停药。潮霉素B,活重50千克猪的饲粮内加入1.0%~1.32%,宰前48小时停药。

4. 防霉防腐添加剂 防止饲粮霉腐变质。

丙酸、丙酸钠、丙酸钙加入量0.3%~0.5%。苯甲酸(安息香酸)加入量0.1%。柠檬酸和柠檬酸钠加入量0.05%~0.15%。富马酸二甲酯加入量0.2%。

5. 抗氧化剂 防止饲粮发酵氧化变质。

乙氧基喹啉(乙氧喹、山道喹),饲粮中加入0.01%~0.05%。

(二)配合饲料及饲粮类型

这里只介绍配合饲料及饲粮的概念和类型,不同生理阶段猪所需饲粮的营养与饲粮配方,将在后面讨论各种猪的饲养管理时详细介绍。

1. 日粮 满足1头猪1昼夜各种营养物质而需采食的各种饲料的总量即为日粮。

2. 饲粮 按日粮所需营养比例,为同类猪群配合每日所需的饲料为饲粮。

3. 预混料 由营养性物质添加剂(维生素、微量元素和强化氨基酸)和非营养性物质添加剂(生长促进剂、驱虫保健剂、防霉防腐剂和抗氧化剂等)所组成,再配合载体料(稀释料)糠麸或钙粉,所以预混料又称添加剂预混料。

不同生产性能和不同生理阶段的猪所需营养物质不同,预混料的配合也不同。因此,不同的猪有不同的预混料。

预混料只能满足猪的部分营养需要,是由专门化饲料工厂生产的非全价的半成品原料,以供养猪场配合全价饲料时使用。

4. 浓缩饲料 预混料加入蛋白质饲料(鱼粉、血粉、肉骨粉和饼粕类)和食盐、钙混合而成。

不同生产性能和生理阶段的猪有不同的浓缩饲料。浓缩饲料仍是专门化饲料工厂生产供养猪场调配全价配合饲粮的半成品原料。

在调配全价配合饲粮中,由于需要浓缩饲料的比例不同,或需要加入能量饲料的比例不同,因而有二八浓缩饲料(浓缩料 2 份,能量饲料 8 份)、三七浓缩饲料和四六浓缩饲料。后两种浓缩饲料在生产时已经加入了一定比例的能量饲料。

5. 基础饲粮　由能量饲料、蛋白质饲料和食盐、钙组成(谷类籽实等能量饲料含有丰富的磷,故饲粮中可以不考虑磷的补加)。基础饲粮可以基本上满足猪的营养需要,养猪生产者可以自己配制。

6. 全价配合饲粮　又简称配合饲粮。浓缩饲料加能量饲料,或基础饲粮加预混料,即为全价配合饲粮。一般在养猪场多自配,也有商品全价配合饲粮。

预混料、浓缩饲料、基础饲粮和全价配合饲粮,都必须按不同生产性能和不同生理阶段猪的饲养标准分别配制。商品饲料或饲粮,都附有适于饲喂对象的详细说明,可参照选购、使用。

(三)基础饲料的分类与营养成分

1. 能量饲料　主要能量饲料种类及营养成分见表 6-7。

表 6-7　能量饲料的营养成分

饲　料	干物质(%)	每千克含消化能		粗蛋白质(%)	粗纤维(%)	钙(%)	磷(%)
		兆焦	千卡				
大　麦	82.5	12.56	2991	11.0	5.2	0.09	0.35
小　麦	86.1	14.05	3345	11.1	2.2	0.05	0.32
玉　米	87.5	14.70	3500	7.8	1.6	0.10	0.26
红薯干	87.2	13.91	3312	3.4	2.7	—	—
青　稞	87.4	14.00	3333	10.7	2.2	0.17	0.32

续表 6-7

饲　料	干物质（%）	每千克含消化能		粗蛋白质（%）	粗纤维（%）	钙（%）	磷（%）
		兆焦	千卡				
粟	93.9	12.13	2888	11.5	9.5	0.02	0.37
稻　谷	88.6	11.17	2660	6.8	8.2	0.03	0.27
荞　麦	87.9	12.35	2940	12.5	12.3	0.24	0.29
高　粱	87.0	14.23	3388	8.6	2.2	0.08	0.29
碎　米	88.2	15.18	3614	—	—	0.01	0.22
燕　麦	89.4	11.89	2832	12.5	9.8	0.22	0.24
小麦麸	88.4	11.03	2627	13.7	6.8	0.34	1.15
玉米皮	88.7	12.90	3072	9.7	6.6	0.08	0.59
细米糠	89.0	13.52	3218	12.5	8.5	0.28	1.60
米糖饼	88.1	11.64	2771	15.8	9.3	0.20	0.80
高粱糠	88.4	12.63	3008	10.3	6.9	0.30	0.44
精米糠	86.1	14.77	3516	11.4	1.6	0.07	0.71

注：玉米是能量饲料之王，不但能量高，而且价廉

2. 蛋白质饲料　蛋白质饲料包括动物蛋白质饲料和植物蛋白质饲料两大类。其主要种类及营养成分见表 6-8 和表 6-9。

表 6-8　动物性蛋白质饲料的营养成分

饲　料	干物质（%）	每千克含消化能		粗蛋白质（%）	粗纤维（%）	钙（%）	磷（%）
		兆焦	千卡				
小　鱼	21.6	4.04	963	15.3	0	—	—
牛　奶	13.0	3.05	726	3.3	0	0.12	
羊　奶	13.1	3.18	757	3.8	0	0.14	
肉　粉	92.1	21.49	5117	78.0	0	—	—
秘鲁鱼粉	92.4	17.85	4250	61.0	0	3.43	3.08
鱼　粉	89.5	17.26	4111	50.9	0	5.47	2.86
鱼骨粉	84.5	11.90	2834	32.9	0	11.8	5.40

续表 6-8

饲　料	干物质（%）	每千克含消化能		粗蛋白质（%）	粗纤维（%）	钙（%）	磷（%）
		兆焦	千卡				
虾　粉	81.9	10.49	2493	46.3	0	1.89	0.12
蚕　蛹	88.0	14.50	3453	61.6	0	1.02	0.58
肉骨粉	93.0	8.78	2092	28.0	0	—	—
脱脂乳	9.4	1.78	424	3.3	0	—	—

注:动物性饲料中不存在粗纤维,它们不但蛋白质含量高,而且适于猪消化利用

表 6-9　植物性蛋白质饲料的营养成分

饲　料	干物质（%）	每千克含消化能		粗蛋白质（%）	粗纤维（%）	钙（%）	磷（%）
		兆焦	千卡				
大　豆	88.8	15.69	3736	37.1	4.9	0.25	0.55
机榨豆饼	88.4	14.70	3504	40.2	4.9	0.32	0.50
浸提豆粕	91.3	16.83	4007	50.8	2.9	0.29	0.65
巴山豆	90.0	16.70	3976	24.8	6.0	—	—
机榨菜籽饼	94.0	12.95	3084	38.0	11.8	0.05	0.84
土榨菜籽饼	89.4	11.50	2737	31.5	11.5	0.80	0.82
机榨花生饼	88.8	14.33	3412	38.0	5.8	0.32	0.59
胡麻饼	92.0	12.14	2891	38.2	11.9	0.45	0.79
蚕　豆	83.3	12.66	3015	25.2	6.8	0.08	0.32
机榨棉籽饼	92.8	11.62	2766	36.3	13.4	0.80	0.60
带壳棉籽饼	90.0	7.33	1745	24.0	24.8	—	—
浸提棉仁饼	91.4	12.60	2999	41.6	11.0	0.15	1.10
黑　豆	91.5	14.47	3447	37.1	3.4	0.37	0.11
豌　豆	87.3	12.89	3069	22.2	5.6	0.14	0.34
脱脂石油酵母	89.8	15.92	3814	34.8	0	—	—

3. 青绿饲料 青绿饲料种类及营养成分见表 6-10。

表 6-10 青绿饲料的营养成分

饲 料	干物质(%)	每千克含消化能		粗蛋白质(%)	粗纤维(%)	钙(%)	磷(%)
		兆焦	千卡				
大白菜	6.0	0.76	182	1.4	0.5	0.03	0.04
马齿苋	7.8	0.63	151	2.2	1.5	0.27	—
小白菜	4.0	0.44	107	1.1	0.4	0.09	0.03
红薯藤	11.5	0.74	176	2.1	3.0	0.46	0.19
青割蚕豆	15.7	1.38	330	2.9	3.1	0.23	0.03
牛皮菜	7.9	0.82	195	1.3	1.9	0.08	0.04
大头菜	8.5	0.94	225	1.3	1.0	0.15	0.06
红三叶	15.4	1.08	257	3.4	4.0	0.27	0.33
红花苕子	9.8	1.15	274	2.8	1.3	—	—
榆树叶	32.7	4.02	862	6.9	3.3	0.58	0.11
苋 菜	12.6	1.11	266	2.6	1.6	0.28	0.11
苦荬菜	14.5	1.54	367	2.8	1.9	0.17	0.05
胡萝卜叶	19.1	1.71	407	3.7	2.7	0.60	0.09
莲花白叶	14.8	1.46	348	1.7	1.8	0.35	0.03
萝卜叶	8.9	0.90	215	2.4	1.1	0.18	0.03
甜菜叶	12.2	1.24	296	2.2	1.5	0.12	0.09
紫云英	20.6	1.03	245	3.5	6.6	0.31	0.02
紫花苜蓿	26.7	1.29	308	3.2	8.5	0.51	0.01
竹叶菜(蕹菜)	9.1	0.82	196	1.9	1.5	0.10	0.04
聚合草	13.6	1.51	360	3.1	1.5	—	—

4. 青贮饲料 青贮饲料主要种类及营养成分见表 6-11。

表 6-11　青贮饲料的营养成分

饲　料	干物质（%）	每千克含消化能		粗蛋白质（%）	粗纤维（%）	钙（%）	磷（%）
		兆焦	千卡				
红薯藤	24.4	1.51	360	2.1	6.3	0.55	0.23
红花苕子	21.9	0.96	229	3.4	7.8	—	—
苦荬菜	10.0	1.31	312	2.5	1.1	—	—
胡萝卜叶	15.7	1.17	279	1.8	2.7	—	—
甜菜叶	37.5	3.08	735	4.6	7.4	0.25	0.01
紫云英	25.0	2.37	556	7.8	5.1	—	—
马铃薯茎叶	27.6	2.46	586	4.0	4.0	—	—

5. 块根、块茎、瓜果类饲料　主要块根、块茎、瓜果类饲料及营养成分见表 6-12。

表 6-12　块根、块茎、瓜果类饲料的营养成分

饲　料	干物质（%）	每千克含消化能		粗蛋白质（%）	粗纤维（%）	钙（%）	磷（%）
		兆焦	千卡				
马铃薯	21.4	3.44	819	1.8	0.7	0.02	0.03
木　薯	30.4	4.86	1158	1.0	0.8	0.09	0.03
红　薯	26.2	4.37	1041	2.0	0.5	0.08	0.06
芋　头	19.7	3.11	741	2.2	0.6	0.02	0.05
胡萝卜	12.3	1.93	460	1.5	1.1	0.15	0.05
饲用甜菜	11.2	1.22	290	1.5	1.4	—	—
甜萝卜	13.9	1.62	385	1.7	1.5	0.04	0.02
萝　卜	8.2	1.24	295	1.0	0.5	0.04	0.04

6. 糟渣类饲料　主要糟渣类饲料及营养成分见表 6-13。

表 6-13　糟渣类饲料的营养成分

饲　料	干物质（%）	每千克含消化能		粗蛋白质（%）	粗纤维（%）	钙（%）	磷（%）
		兆焦	千卡				
红薯粉渣	23.9	2.51	598	1.8	0.2	0.11	微
高粱酒糟	37.3	4.79	1140	9.3	3.4	—	—
玉米豌豆粉渣	19.7	2.66	635	3.0	2.0	0.08	0.04
啤酒糟	23.1	2.46	586	6.8	4.2	0.12	0.12
麻豌豆粉渣	22.2	2.73	649	7.8	3.1	0.02	0.02
白豌豆粉渣	18.4	1.93	460	2.5	2.9	0.06	0.03
豆腐渣	12.8	1.35	345	3.7	2.3	0.14	0.04
酱　渣	26.7	3.98	949	8.2	3.4	0.37	0.11

7. 粗饲料　主要粗饲料种类及营养成分见表 6-14。

表 6-14　粗饲料(粉碎)的营养成分

饲　料	干物质（%）	每千克含消化能		粗蛋白质（%）	粗纤维（%）	钙（%）	磷（%）
		兆焦	千卡				
大豆秸	93.2	3.66	872	8.9	39.8	0.87	0.05
小米糠	92.1	4.05	966	6.4	28.3	0.49	0.40
风干酒糟	91.3	5.38	1282	10.5	17.8	0.22	0.31
青干草	90.6	3.47	826	8.0	33.7	0.54	0.09
玉米秸	88.8	1.93	459	3.5	33.4	—	—
稻　草	85.0	4.93	1174	2.9	28.9	0.09	0.04
稻　壳	90.3	—	—	4.5	36.8	—	—
谷(粟)糠	83.3	2.89	689	9.5	35	—	—
花生蔓	26.4	1.83	436	3.6	6.4	0.82	0.03
油菜籽壳	87.9	2.67	637	8.9	32.3	1.60	0.31
苜蓿干草	86.5	5.11	1202	16.6	18.4	—	—

续表 6-14

饲　料	干物质（%）	每千克含消化能		粗蛋白质（%）	粗纤维（%）	钙（%）	磷（%）
		兆焦	千卡				
洋槐叶	35.2	3.41	813	5.9	6.1	0.51	0.10
蚕豆粉渣	8.7	0.22	53	1.1	3.3	0.05	0.01
绿豆粉渣	14.0	1.22	291	2.1	2.8	0.06	0.03
甜菜渣	1.14	0.81	194	1.1	2.6	0.11	0.02
醋　渣	25.1	2.11	503	2.4	5.0	0.30	0.13

(四)有毒饲料

1. 生黄豆　生黄豆含有豆腥毒,降低猪的食欲,引起猪腹泻、颚凹淋巴腺发炎、肿痛、溃烂。须炒熟或煮熟后作为蛋白质补料喂猪。

2. 变质青绿饲料　各种菜叶、瓜藤叶和野菜都含有大量的硝酸盐,当这些青绿饲料煮熟与未煮熟在堆积存放中发酸氧化腐败变质过程中,硝酸盐就被破坏还原为剧毒的亚硝酸盐,猪每千克体重吃入70～75毫克即可致死亡。一般在吃后半小时突发,呼吸急促,口吐白沫,转圈不安,呕吐,可视黏膜和皮肤先青紫后苍白,卧地不起终至昏迷,全身抽搐而死。

3. 高粱和玉米幼苗、亚麻叶和木薯　这些饲料中含有氰苷,吃后,氰苷在胃内经胃盐酸作用即产生具有剧毒作用的氢氰酸,使猪兴奋不安,流涎,呕吐,呼吸困难,黏膜和皮肤发红,很快失去知觉,经半小时死亡。

4. 棉籽饼　棉籽饼含有棉酚,有毒,累积吃食超量可中毒死亡,母猪流产。

棉酚经高温加热后可部分破坏,所以经高温处理的螺旋式机榨棉籽饼和提取法榨油棉籽饼毒性较低,土法夯榨棉籽饼毒性较大,需煮沸 1~2 小时后再喂,肥育猪喂量不宜超过 10%。棉酚有抑制生育作用,种猪最好不喂棉籽饼。

5. 菜籽饼 菜籽饼含有芥子毒,可损害胃、肝、肾,影响食欲、消化,中毒病猪不安、流涎、不食、腹痛、血痢,母猪流产。经高温处理的菜籽饼,饲粮中加入量以 5%~10% 为宜。

6. 马铃薯嫩绿茎叶及发芽马铃薯 含有龙葵素,胚芽中最多,大量饲喂会引起中毒。此外在嫩绿茎叶中还含有硝酸盐,腐败后转变为亚硝酸盐而引起中毒。

7. 霉败饲料 霉败饲料都含有毒素,可使肠胃发炎、母猪流产,甚至全身中毒。

三、猪对粗纤维的利用

粗纤维是植物细胞所特有的主要组成成分,它包括纤维素、半纤维素、果胶、角质组织和木栓组织,以纤维素为主。

猪对粗纤维的消化率远远不如草食家畜,粗纤维含量高达 25% 的各种秸秆和谷实外壳等,不论粉碎与否都不能为猪所消化,食后它的营养价值是负值,因为吃下它通过消化道排出体外,不但不能消化利用它的营养物质,还要为它付出能量,并且影响饲粮中其他营养物质的消化利用。

猪与草食家畜对粗纤维含量不同的饲粮消化率的比较,见表 6-15。

表 6-15 猪与草食家畜对粗纤维含量不同饲粮消化率的比较

饲粮粗纤维含量(%)	饲粮消化率(%)		
	猪	牛	马
10~15	68.9	76.3	81.2
15~20	65.8	73.3	74.9

续表 6-15

饲粮粗纤维含量（%）	饲粮消化率（%）		
	猪	牛	马
20～25	56.0	72.4	68.6
25～30	44.5	66.1	62.3
30～35	37.3	61.0	56.0

如表 6-15 所示，饲粮中粗纤维含量越高，则日粮的消化率越低，在猪的日粮中，粗纤维含量达到 10%～15%时，饲粮的消化率就大大降低，在饲粮中粗纤维的含量低于 10%时，饲粮的消化率可达 75%以上。

3 月龄内的小猪，饲粮中粗纤维含量以 5%为宜；3 月龄以上的发育猪，粗纤维含量可以达到 8%；成年母猪，大型品种可以达到 10%，我国地方品种母猪特别是怀孕母猪可以达到 15%。

粗纤维在猪饲粮中含量太高不行，但是完全缺乏它也不行，适量的粗纤维，可疏松饲粮使之易于消化，可填充消化器官容积起耐饥作用并有助于消化，可以促进胃肠运动有助消化并防止便秘。便秘对妊娠母猪危害最大，可造成流产和死胎，所以妊娠母猪必须保证有足量的粗纤维。

四、饲料加工与调制

（一）饲料加工

由于猪是压榨式咀嚼进食，咀嚼不完全，胃肠里分解粗纤维的微生物发育差，所以籽实类饲料和饼类饲料必须粉碎，青绿、瓜果和薯芋类饲料必须机械打碎成浆，以助消化。

籽实类的粉碎，有一定粗度的粗粉料比极细的细粉料更有利于消化,因为前者疏松易与消化液混和,后者成粑,消化液难以渗入。

猪对各种有机物质的消化率,粉碎的比整粒的饲料要高17.5%。

(二)饲料调制

1. 生喂 除了豆类必须在粉碎前炒熟或煮熟以除去豆腥味和豆毒以外,其他饲料(不论精料或者粗料)粉碎和打碎后都以生喂为好。

饲料煮熟不但浪费燃料和人工而增加成本,而且还会使其中的蛋白质凝固难以消化,使消化率降低。据研究,生饲料中蛋白质的消化率为60.3%,熟饲料中蛋白质的消化率仅为52.6%。另外,饲料在煮熟时,使易氧化的维生素A、维生素D、维生素E、维生素K等在煮熟前逐渐加温和煮熟后逐渐降温冷却过程中被氧化而遭破坏,最明显可见的是绿色植物一经长时间煮熟后就变成了暗黄色,富于芳香味的叶绿素和胡萝卜素被破坏。

2. 干喂或干湿喂 我国农家喂猪的传统习惯,是在猪的饲料中加入大量的水(米汤和潲水),将饲料调成稀糊状,这是出于无奈,因为米汤潲水中,多少还含有点营养物质,是农家生活副产品,弃之可惜,必须利用。但严格来讲,并非科学,一是饲料中水分太多,既影响消化液的分泌,又大大稀释了所分泌的消化液的浓度,因而影响了对饲料的消化。二是由于吃下大量的水占据了胃内容积,因而影响了猪对饲料的采食量。三是吃下大量的水充满胃中,腹胀如鼓,妨碍了猪的运动,影响生长发育,所以稀饲喂猪,农家少量养猪为利用废物可以采用,但规模养猪时为求经济效益,应当干喂或干湿喂,饮水另外单独供应。

所谓干喂,就是在饲粮中完全不另外加水。所谓干湿喂,就是在饲粮中按饲粮与水3:1加水拌和,和好后的饲粮不要成团成粑,抓一把捏紧后手一松仍然可以撒开，或丢在地上可以撒开不粘地。

据试验研究，干喂与干湿喂的平均日增重无差别，但较稀料喂养增重提高 12%左右。

思　考　题

1. 哪些是能量饲料？猪为什么需要能量饲料？
2. 哪些是蛋白质饲料？猪为什么需要蛋白质饲料？
3. 不同年龄的猪对能量饲料和蛋白质饲料的要求如何？
4. 什么叫蛋白质互补作用？
5. 猪为什么需要阳光照射？
6. 饲料和饲粮各有哪些类型？

第七章 猪的一般饲养管理原则

一、定量饲喂与看猪喂猪相结合

(一)定量饲喂

所谓定量饲喂,就是根据猪的体重计算出其日需饲料量,使猪吃饱而不剩。种猪都要限量和定量喂料。肥育猪可在自动饲槽里自由采食。

各种猪日需采食的风干料量,在后面讨论各种猪的饲养管理时详细介绍。所谓风干料就是经晒干可以贮藏而不起霉的饲料,含水量一般在12%左右。市售的各种成品或半成品饲料,都是风干料。

猪日采食风干料量的计算公式如下:

日食量=系数×体重

范春国根据猪前期促瘦肉生长、后期限脂肪贮积的原则,为瘦肉型肥育猪提出两种计算公式:

活重50千克前:

日食量=0.045×体重

活重50千克后:

日食量=0.035×体重

日本佐佐木林治郎为各种猪提出的风干料的日饲喂量和饲喂次数列于表7-1。

表 7-1 猪风干料日喂量和日喂次数

发育猪月龄	日喂量(千克)	日喂次数	种 猪	日喂量(千克)	日喂次数
3~4	体重 1/20	4~5	配种期公猪	3~4	2
5~6	1/25	3	非配种期公猪	2~3	2
7~8	1/30	3	孕前半期母猪	3~4.5	2
9~10	1/35	2	孕后半期母猪	3~4.0	2
11~12	1/40	2	哺乳母猪	4.5~6	3

注:发育猪包括后备种猪和肥育猪

表 7-1 中所列种猪没有说明猪的品种,但是根据所列的日喂量,下限可大致适于成年活重 200 千克左右的中型种猪,上限大致适合于成年活重 250~300 千克的大型种猪。成年种猪活重 150 千克左右的我国地方猪不需要这么高的日喂量,但是饲粮中如果低营养的青粗料比例提高,则猪的日采食量就会增加。

对猪按体重计算定量饲喂,需要具备以下条件:

第一,500 千克的地磅,地磅周围设围栏;

第二,发育猪、青年母猪、怀孕母猪每 2 周至少 1 个月称重 1 次;

第三,须按饲养标准配制全价配合饲粮,即饲粮必须标准化;

第四,哺乳母猪的日食量因仔猪的增重而变化,需要考虑这些变化所需的营养;

第五,按体重计算采食量是大致的,还不能准确根据饲粮的质量来确定各种体重的猪所需日喂饲粮量。

(二)看猪喂猪

由于定量饲喂的定量具有很大的相对性,因而不能将饲粮定量投给猪栏后就一走了之,还应该留下来仔细观察猪的采食情况,吃而未饱要加料,吃后有剩要随即取走,经过两三天的观察,也可进行阶段性定量调整,过肥的种猪要减料,过瘦的种猪要加料。

看猪喂猪，不但可以准确掌握猪的采食量，还可以及时发现猪的健康状况和饲粮的质量问题。

二、保证饮水的充分供应

猪的采食、消化、新陈代谢、调节体温、滑润关系、运动，特别是哺乳母猪每天要分泌大量的乳汁、哺乳仔猪每天要吃下大量高浓度的母乳会感到烧渴以及猪的生长发育等，都需要大量的饮水，水分不足，会严重影响健康和生产性能，也会引起便秘。便秘对哺乳母猪可引起乳房炎，对怀孕母猪可引起流产和死胎。所以必须保证猪的饮水充分供应。

猪的嗅觉、味觉都很敏感，因此水槽必须天天刷洗，饮水必须新鲜，有自来水的地方，最好安装自动饮水龙头或自动饮水器。冬季提供的饮水，温度不能低于 12℃。

各种猪每头每天所需水量见表 7-2。

表 7-2　各种猪每头每天需水量　（升）

猪　别	共需	其　中	
		饮用	清洗栏圈和用具
公　猪	25	10	15
妊娠母猪	27	12	15
哺乳猪及全窝仔猪	60	20	40
断奶仔猪	5	2	3
后备猪	15	6	9
肥育猪	15	6	9

三、注意栏舍清洁卫生

(一)栏干食饱

俗话说,养猪无巧,栏干食饱。阴暗潮湿的猪栏,适于细菌滋生,是猪发生各种传染病、皮肤病、胃肠病、蹄病和影响猪生长发育的重要原因。致命的仔猪白痢主要是由寒湿引起。

(二)勤打扫勤调教

要调教猪养成在栏内一定地点大小便的习惯,先在预定地点放点猪粪,当猪随地大小便时,随即鞭赶至预定地点,经过几次调教,猪就会养成习惯。

栏舍内粪便要随时清除,以防蚊蝇和细菌滋生。

(三)勤垫勤晒褥草

褥草是猪的被窝,既防寒又防潮,必须勤垫勤晒。勤晒褥草不仅可除湿,还可杀菌、增温。

气温达到 12℃以下的严寒季节和非常潮湿的霉雨季节,要加厚垫草,厚度须在 15 厘米以上。

四、做好防疫卫生

饲养员须协助防疫员做好以下工作:

第一,春秋两季定期防疫注射。

第二,每月定期除虫灭虱 1 次。

第三,每月定期消毒猪栏 1 次。

第四,入场人员必须消毒更衣。进入生产区大门必须走过消毒池,再入更衣室洗手和更换衣鞋帽。更衣室每天上、下午各1次喷雾2%来苏儿液消毒。

第五,运输车辆不得进入生产区内,运料运猪可在圈墙适当地方筑一装卸平台。

五、冬季保暖夏季降温

俗话说:“六腊不长猪”,即炎暑六月和寒冬腊月天,猪的生长发育停止。实际上不是六腊不长猪,而是温度太高太低不长猪,能够做到冬季保暖,夏季降温,六腊也能长猪。

猪在各种不同舍温下生长发育的情况如表7-3。

表7-3 猪的增重与猪舍气温的关系

猪的活重(千克)	舍内空气相对湿度为50%时各种气温下猪的日增重(克)				
	4℃	10℃	16℃	21℃	27℃
45	—	620	720	910	890
70	580	670	790	980	830
90	540	710	870	1010	760
115	500	760	940	970	680
135	460	800	1020	930	620
160	430	850	1090	900	550

如表7-3所示,在4℃的舍温下,大小猪的生长发育都不好;在10℃的舍温下,115千克以上的大猪生长发育还不错;舍温在16℃时,90千克以上的大猪生长发育都相当良好;舍温在21℃时,45~90千克的中猪生长发育水平显著提高,115千克以上的大猪生长发育速度明显下降;舍温达到27℃时,90千克以上大猪的生长发育速度进一步下降,45~70千克的中猪可较好地生长发育。

这说明,45～90 千克猪的最适舍温是 21℃,其次是 27℃,再其次是 16℃;115 千克以上的大猪,最适的舍温是 16℃,其次是 21℃,再次是 10℃。

猪舍气温对猪生长发育的影响,另一研究的结果如表 7-4。

表 7-4　猪舍气温对猪生长发育的影响

指　　标	8℃～12℃	18℃～22℃
达 110 千克活重的日龄	214	196
肥育期平均日增重(克)	575	709
每增重 1 千克耗料(千克)	4.77	3.84

如表 7-4 所示,110 千克活重以内的肥育猪,最适的舍温是 18℃～22℃,与表 7-3 的资料基本上是一致的。

各国对肥育猪舍规定的气温如表 7-5。

表 7-5　各国对肥育猪舍气温的规定　(单位:℃)

国　家	活重 60 千克以下	活重 60～90 千克
英　国	18～25	15～18
法　国	18～24	14～20
德　国	18～22	10～15
瑞　士	22	15
保加利亚	18	15

各种猪在不同季节所要求的适宜舍温和湿度如表 7-6。

表 7-6　各种猪在不同季节所要求的适当舍温和湿度

猪　　别	气温(℃)		相对湿度(%)
	夏季	冬季	
公猪、空怀和妊娠母猪	25	13～19	40～75
哺乳母猪	24	18～22	40～70

续表 7-6

猪　别	气温(℃)		相对湿度(%)
	夏季	冬季	
哺乳仔猪	20～32	22～30	40～70
断奶仔猪、后备猪	22～24	18～22	40～70
肥育猪	22～25	14～20	40～75

关于为猪防暑、保温的具体措施，首先当然是合理建设冬暖夏凉的猪舍，其次是在夏季可以采取一些防暑的辅助措施，中午给猪体洒水，在猪舍前公共运动场上建公共浴池，舍前舍后种树，如果经济合算，也可安装电扇、空调。

冬季要严关门窗，堵塞缝隙，并可适度加大饲养密度。

六、勤查栏细观察

养猪不同于种田，猪不可一日无食，舍不可一天离人。

猪饲养员不是一天给了三餐料，打扫了猪栏、清除了粪便，就万事大吉了，要有高度的责任心，上班时先去查栏，下班时应一一告别，工作时间里一切都要细观察。

一要观察猪的行为是否正常。是否不安，如果不安，是发情，还是有病，应登记并及时报告。

二要观察每头猪的进食情况。食欲是否正常，投饲量是否偏多偏少，如不正常或偏多偏少应登记报告。

三要观察猪喝水是否正常，不正常要登记报告。

四要观察猪睡卧姿势是否正常，呼吸是否平稳，不正常要登记报告。

五要观察猪排便次数和粪便是否正常，排便次数少、粪便干结是便秘的象征，粪便上带有大量黏液或血，粪便特别稀薄，都为不正常现象，应登记报告。

六要观察混栏猪是否和睦相处，发生咬斗现象要及时制止或分栏。

七要观察妊娠和哺乳母猪乳房是否正常，如有红肿发炎，应登记报告。

思　考　题

1. 为什么要定量饲喂与看猪喂猪相结合？
2. 养猪要注意哪些最基本的问题？
3. 不同活重猪的最适温度是多少？

第八章　种猪的饲养管理

一、种公猪的饲养管理

(一)种公猪的饲养管理目标

第一,保证种公猪发育正常,体质强健,肌肉和骨骼发育结实(表现为四肢坚强有力,步行稳健)而不肥臃。

第二,具有旺盛的配种能力,精液品质良好,获得高的受胎率和产仔数。

第三,获得发育良好和健壮的仔猪。

(二)种公猪的饲养管理原则

第一,根据其品种类型,供给所需的饲养水平,特别注意蛋白质营养的供应。

第二,每天进行适当运动,以增强体质。

第三,饲粮中青绿饲料比例不宜过高,防止形成草腹,配种困难。

第四,每餐喂饱退槽后,剩料随即收走,以控制采食量,防止过肥,日喂两餐,发现有过肥倾向即应适当减料。

(三)种公猪的饲养水平

后备公猪经过各次鉴定选种及格进入检定公猪群(初配繁殖以检定其繁殖性能)和基础公猪群(繁殖性能检定合格)后,在其一生的种用期内所需的饲养水平和饲粮结构见表 8-1 至表 8-6。

表 8-1　我国瘦肉型配种公猪饲粮养分含量及每日每头养分需要量

指　　标	千克风干饲粮养分含量	每日每头养分需要量
日采食量	—	2.2
消化能:(兆焦)	12.95	28.49
(千卡)	3100	6820
粗蛋白(%)	13.5	297
赖氨酸(%)	0.55	12.1
蛋氨酸+胱氨酸(%)	0.38	8.4
钙(%)	0.70	15.4
食盐(%)	0.25	5.5

表 8-2　俄罗斯瘦肉型配种公猪每千克风干饲粮养分含量

营　养　物	中等利用	强度利用
消化能(兆焦)	12.6~13.4	13.8~14.3
(千卡)	3000~3200	3300~3400
粗蛋白(%)	14~15	16~18
赖氨酸(%)	1.0	1.1
蛋氨酸+胱氨酸(%)	0.55~0.6	0.6~0.65
钙(%)	0.9	0.9
食盐(%)	0.2	0.22

注:中等利用为3~5天配种一次,强度利用为1~2天配种一次

表 8-3　我国肉脂兼用型公猪饲养标准

每千克风干饲粮养分量		每头日需营养量			
		营　养　物	公猪活重(千克)		
			<90	90~150	>150
		日食风干料(千克)	1.4	1.9	2.3
消化能(兆焦)	12.6	消化能(兆焦)	17.64	22.84	28.98
(千卡)	3000	(千卡)	4200	5700	6900

续表 8-3

每千克风干饲粮养分量		营养物	每头日需营养量 公猪活重(千克)		
			<90	90~150	>150
粗蛋白(%)	14.0	粗蛋白质(克)	196	228	276
赖氨酸(%)	0.38	赖氨酸(克)	5.3	7.2	8.7
蛋氨酸+胱氨酸(%)	0.20	蛋氨酸+胱氨酸(克)	3.1	3.8	4.6
钙(%)	0.60	钙(克)	9.5	12.8	15.2
食盐(%)	0.35	食盐(克)	5.0	6.7	8.1

表 8-4 种公猪预混料

元素	分量	元素	分量
维生素 A(百万单位)	2000	氯化胆碱(千克)	30
维生素 D(百万单位)	200	铁(千克)	6.0
维生素 E(千克)	1.0	锰(千克)	3.5
维生素 K(千克)	0.2	铜(千克)	0.8
维生素 B_2(千克)	10.5	锌(千克)	7.5
维生素 B_3(千克)	1.2	钴(克)	5.0
维生素 B_4(千克)	2.2	碘(克)	27.0
维生素 B_{12}(千克)	2.2	抗氧化剂(千克)	0.5

注:表内元素与钙粉或糠麸配成1吨。在饲粮中加预混料1%

表 8-5 种公猪的饲粮结构(按能量%) (据俄罗斯)

利用情况	冬季				夏季		
	混合精料	动物饲料	干草粉	多汁料	混合精料	动物饲料	青绿饲料
强度利用	77	10	8	5	80	10	10
中等利用	72	8	8	12	75	5	20

表 8-6　种公猪典型饲粮　（%）

饲　料	大型品种	中型及地方品种
玉　米	62	52
大　麦	8	15
麦　麸	5	10
豆　饼	5	5
鱼　粉	5	3
青绿料	12.5	12.5
钙	1	1
食　盐	0.5	0.5
预混料	1	1
营养水平		
消化能(兆焦)	12.97	12.59
（千卡）	3088	2996
粗蛋白质(%)	14.2	13.5

注:青绿料为风干量,每千克含消化能 5.6 兆焦(1 333 千卡),粗蛋白质 10%,饲喂时按 15:100 转换为鲜绿量

(四)种公猪的管理

1. 运动和日光浴　每天应有 3~5 千米(往返)的驱赶散步运动,如果有良好的放牧地放牧时(上、下午各 1 次),则无须另外安排驱赶散步运动。冬季散步应在上、下午天气暖和时间进行。

大型规模养猪场培育公猪较多,所有公猪从幼年时起就应该使它们养成合群运动的习惯。没有合群运动习惯的公猪,则必须单独运动。绝不可让单栏关养的生疏公猪相遇,以免严重咬斗而伤残甚至造成死亡。

2. 皮肤卫生　冬季每天用稻草把或粗塑料刷子刷拭 1 次,夏季每天应洗浴。

3. 单栏饲养 公猪舍应与母猪舍隔开。公猪应一猪一栏，一栏多头公猪会互相爬跨，影响生长发育。

每头公猪都应有一块牌子悬挂在猪栏上。牌子由木板或铁皮制成，上涂油漆，长约 20 厘米，宽约 14 厘米，上面写有公猪牌、名号、品种、出生日期、出生地、体长和活重等。

（五）种公猪的利用

1. 始配年龄 公猪开始配种繁殖的年龄为：大型品种（如大白猪和长白猪等）不应早于 11 月龄，活重不小于 150 千克；中型品种不应早于 10 月龄，活重不小于 120 千克；地方品种不应早于 8 月龄或 9 月龄，活重不应小于 40 千克或 60 千克。

2. 配种频度 开始配种第一年，如果所有母猪均为季节产仔和本交时，则每一配种季节每头公猪所负担的母猪不应超过 15 头，每配种 1 次，应有 2～3 天休息。

2 岁以上的成年公猪，可负担母猪约 30 头。每配种 1 次应有 1～2 天休息，不得随便连续配种。如必须同日连续配种 2 次或连续 2 日配种（每天 1 次），则配种后须休息 2 天以上。

5 岁以上的老龄公猪本应淘汰，如因其独特优点而需继续留用，则每配种 1 次后应有 4～6 天的休息。切不可连续使用。

采用季节繁殖时，在每一配种季节前 3 周或 4 周开始，即应提高公猪的饲养水平，一般按标准提高 10%～15%。采用均衡繁殖和人工授精时，1 头成年公猪可负担 300 头以上母猪的配种。

二、母猪的发情与配种

（一）发情及适时配种

1. 发情及征状 母猪到了一定年龄性成熟后，就周期性地出现一系列征状表示求配以繁殖后代,我们称此为发情。我国地方猪3~4月龄即出现发情,大型品种猪一般在7~8月龄出现发情。发情征状可分为3个阶段,各有不同。

(1)初起不安期　饲养员早晨上班进入猪舍查栏(这是饲养员的上班制度),发现母猪初起(实际上是晚上就已开始)不安,在栏内来回走动,经常抬头观望四周,鼻子深吸气闻嗅气味,以示寻求配偶。阴门明显潮红发肿,流出黏液,透明呈流动性。食欲减退。

(2)中期痴呆期　及至下午,母猪发情征状转入高峰,如痴如呆,站立不动,脚踢不动,鞭打不动,饲养员走近发情母猪,母猪随即将后躯转向饲养员。阴门红肿如桃,黏液白色而稠,失去流动性,不吃不卧,爬跨,压背而不动,痴呆期一直持续到第二天上午。

(3)晚期安静期　及至发情开始后的第二天下午,母猪转入安静,匐地而卧,阴门肿胀程度明显减轻,由红肿变为萎缩状的紫红色,湿润有黏液。

2. 发情持续期　大多数母猪的发情持续期为3天,也有少数短到1天,长到5天。

猪发情期的长短,实际与猪的年龄也略有关系,据笔者观察,未曾生产过的幼龄母猪大多为2天,壮龄母猪一般为3天,经产12~14胎以上的老龄母猪大多为4天。

据日本学者丹羽观察统计,未经产的幼年母猪39头144次发情观察,发情期为25~95小时,平均为54.7小时,经产母猪5头10次发情观察,发情期为51.5~85小时,平均为70.0小时。

长白猪往往在发情期只是从阴门流出黏液,而无其他明显征状,应予注意。

3. 适时配种　母猪的发情期一般在3天左右,能达到100%受胎率最佳的配种或授精时间,实际上不是如某些人所说的在发情高峰期即中间痴呆期,而是在开始发情后第二天下午至第三天上午的安静期。

由于母猪发情期的长短不完全一样,因此很难机械地说是在开始发情后第几天配种最适合,关键是要密切注意它的征状变化,发现它行为安静、睡卧不动、阴门红肿有所消退、起皱褶并呈紫红色时,就要及时配种,不可错过机会,一错过时机,一等就是 20 多天才能再发情再配种,因而影响全年的生产和经济效益。

(二)发情周期

母猪在发情期中如果配种受胎,在妊娠期中就不再发情,不发情的母猪坚决拒绝公猪配种或授精。如果母猪在发情期中没有配种或配了而没有配上,则过一段时间再发情,从上次发情终了到下次再出现发情,称为发情周期。

发情周期一般为 21 天,最短的为 16 天,最长的达 30 天,与猪的年龄亦略有关系。据丹羽等的观察统计,9 头经产母猪 19 次统计,发情周期为 19～26 天,平均为 22.2 天,48 头幼龄母猪 129 次统计,发情周期平均为 20.4 天。

(三)产后发情

母猪大多在仔猪断奶后 3～5 天内开始第一次发情。但营养状况良好的母猪,有时在产后 4～6 天内即在哺乳期内就开始发情,但这时不宜配种。有的母猪在仔猪断奶前 1～5 天即出现第一次发情。哺乳期因营养不良和产仔太多而拖得很瘦弱的母猪,断奶后又与其他母猪混养一栏,则往往迟至断奶后 10～15 天甚至 30 天才出现第一次发情,而且往往发情征状不明显,发情期短促。

(四)发情与配种管理

规模养猪,种母猪群体大,必须有严格的管理制度,对母猪的发情与配种更须严格管理,以提高生产效益。

1. 发情登记　母猪开始发情后,即应登记其名号、开始发情日期,以便注意观察和适时配种。

2. 配种登记　母猪配种后,应登记配种日期、与配公猪名号、配种后 21 天的查情日期和配种后 114 天的预产期。

3. 猪栏上挂母猪牌　与公猪一样,每头母猪应该有一块牌子悬挂其猪栏上,牌长 20 厘米、宽 14 厘米,上涂油漆,牌上写有以下各栏目:上方正中写有“母猪牌”字样,下方为母猪号、品种、出生日期、出生地、活重、体长、配种日期、配种公猪、查情日期、预产日期、实产日期、断奶日期、仔猪编号(仔猪作为肥育猪时,编窝号,全窝各仔猪编同一号码;仔猪作为种用时,则编个体号,每头仔猪一个号码,登记时则登记从某号至某号)。

以上各项既要登记,又要记住实做,到了查情期和预产期前 2 天就必须开始时刻注意母猪的行为表现,千万不可马虎错过。

(五)预产期推算

母猪在发情期配种后第二十一天的前后 2~3 天内,应是发情周期的时候,这个时候经过查情,如果未见母猪发情,则就认为母猪已经受孕,应事先推算出母猪的预产期,以到时准备为母猪接产。这是件大事,是母猪生产的半年希望所在,切不可贻误。

预产期是从配种后第一天算起,按妊娠期 114 天计算。母猪妊娠期 114 天是大数量统计的结果,基本上是准确的,当然也有少数母猪提前或过后几天生产的,须予以注意。

按妊娠期 114 天推算出各月各日配种妊娠母猪的预产期如表 8-7。

表 8-7　各不同日期配种妊娠母猪的预产期(按 114 天推算)　(月·日)

配种	1月	2月	3月	4月	5月	6月	7月	8月	9月	10月	11月	12月
1日	4.25	5.26	6.23	7.24	8.23	9.23	10.23	11.23	12.24	1.23	2.23	3.25
5日	4.29	5.30	6.27	7.28	8.27	9.27	10.27	11.27	12.28	1.27	2.27	3.29

续表 8-7

配种	1月	2	3	4	5	6	7	8	9	10	11	12
10日	5.4	6.4	7.2	8.2	9.1	10.2	11.1	12.2	1.2	2.1	3.4	4.3
15日	5.9	6.9	7.7	8.7	9.6	10.7	11.6	12.7	1.7	2.6	3.9	4.8
20日	5.14	6.14	7.12	8.12	9.11	10.12	11.11	12.12	1.12	2.11	3.14	4.13
25日	5.19	6.19	7.17	8.17	9.16	10.17	11.16	12.17	1.17	2.16	3.19	4.28
30日	5.24	6.24	7.22	8.22	9.21	10.22	11.21	12.22	1.22	2.21	3.24	4.23

注:配种的月份与日期的交叉点日期,即为预产期

三、妊娠母猪的饲养管理

(一)妊娠母猪的饲养管理目标

第一,使幼龄母猪在妊娠期能保证本身发育正常,体质强健和肌肉骨骼结实,增重正常。

第二,防止妊娠母猪过肥或过瘦,保持中等种用体况,以获得发育良好的初生仔猪,窝产不少于 10～12 头仔猪(除少数低产品种外)。

第三,保证妊娠母猪正常生产,防止流产、死胎。

(二)妊娠母猪的饲养水平

1. 饲养标准 大型瘦肉型品种妊娠母猪饲养标准见表 8-8 和表 8-9。

表 8-8 大型瘦肉型品种妊娠母猪每千克饲粮养分含量

营 养 物	妊娠前期	妊娠后期
消化能:(兆焦)	12.35	12.55
(千卡)	2950	3000

续表 8-8

营养物	妊娠前期	妊娠后期
粗蛋白质(%)	12.0	13.0
赖氨酸(%)	0.49	0.51
蛋氨酸+胱氨酸(%)	0.32	0.33
钙(%)	0.68	0.68
食盐(%)	0.32	0.32

表 8-9　大型瘦肉型品种妊娠母猪每头日需营养量

妊娠期活重	妊娠前期活重(千克)			妊娠后期活重(千克)		
配种体重	120~150	150~180	>180	120~150	150~180	>180
预期窝产仔数	10	11	11	10	11	11
日食风干料(千克)	2.10	2.10	2.00	2.60	2.80	3.00
消化能:(兆焦)	26.78	25.94	24.30	33.15	35.14	37.65
(千卡)	6405	6195	5900	7930	8400	9000
粗蛋白质(克)	273	252	240	364	364	360
赖氨酸(克)	11.1	10.3	9.2	13.8	14.3	14.4
蛋氨酸+胱氨酸(克)	7.1	6.5	6.2	8.8	9.2	9.6
钙(克)	14.3	14.3	13.6	17.7	19.0	20.4
食盐(克)	6.7	6.7	6.4	8.3	8.7	9.6

2. 我国肉脂兼用型妊娠母猪饲养标准　见表 8-10 和表 8-11。

表 8-10　我国肉脂兼用型妊娠母猪饲养标准(每千克饲粮含)

营养物	妊娠前期	妊娠后期
消化能:(兆焦)	11.76	11.76
(千卡)	2800	2800

续表 8-10

营养物	妊娠前期	妊娠后期
粗蛋白质(%)	11	12
赖氨酸(%)	0.35	0.36
蛋氨酸+胱氨酸(%)	0.19	0.19
钙(%)	0.61	0.61
食盐(%)	0.32	0.32

表 8-11　我国各种不同活重肉脂兼用型妊娠母猪每头日需营养量

营养物	妊娠前期活重(千克)				妊娠后期活重(千克)			
	<90	90~120	120~150	>150	<90	90~120	120~150	>150
日食风干料(千克)	1.5	1.7	1.9	2.0	2.0	2.2	2.4	2.5
消化能:(兆焦)	17.64	20.00	22.34	23.52	23.52	25.87	28.22	29.40
(千卡)	4200	4760	5320	5600	5600	6160	6720	7000
粗蛋白质(克)	165	187	209	220	240	264	288	300
赖氨酸(克)	5.3	6.0	6.7	7.0	7.2	7.9	8.6	9.0
蛋氨酸+胱氨酸(克)	2.9	3.2	3.6	3.8	3.8	4.2	4.5	4.7
钙(克)	9.2	10.4	11.6	12.2	12.2	13.4	14.6	15.3
食盐(克)	4.8	5.4	6.1	6.4	6.4	7.0	8.0	8.0

3. 各品种妊娠母猪预混料　见表 8-12。

表 8-12　各品种妊娠母猪预混料(表内元素与载体料配成 1 吨)

元素	分量	元素	分量
维生素 A(百万单位)	2000	氯化胆碱(千克)	30
维生素 D(百万单位)	200	铁(千克)	6.0

续表 8-12

元　素	分量	元　素	分量
维生素 E(千克)	1.0	锰(千克)	3.5
维生素 K(千克)	0.2	铜(千克)	0.8
维生素 B_2(千克)	0.5	锌(千克)	7.5
维生素 B_3(千克)	1.2	钴(克)	5.0
维生素 B_5(千克)	2.2	碘(克)	27.0
维生素 B_{12}(千克)	2.2	抗氧化剂(千克)	0.5

4. 大型瘦肉型品种妊娠母猪的饲粮结构　见表 8-13。

表 8-13　大型瘦肉型品种妊娠母猪饲粮结构(按消化能%)

饲　料	2 岁内母猪		2 岁以上母猪	
	妊娠前期	妊娠后期	妊娠前期	妊娠后期
谷实类精料	69.7	68.5	61.5	64.6
动物性饲料	7.9	6.7	10.0	8.5
青绿及多汁料	15.1	16.6	19.3	16.4
干草粉	7.3	8.2	9.2	10.5

5. 妊娠母猪饲粮配合举例　见表 8-14。

表 8-14　妊娠母猪典型饲粮

饲料(%)	大型瘦肉型品种	地方肉脂兼用型品种	
		妊娠前期	妊娠后期
玉米粉	40	30	35
细米糠	10	20	20
小麦麸	7.5	5	—

续表 8-14

饲料(%)	大型瘦肉型品种	地方肉脂兼用型品种	
		妊娠前期	妊娠后期
豆 饼	7.5	—	6.5
青绿及多汁料	20	25	25
钙	1	1	1
食 盐	0.5	0.5	0.5
预混料	1	1	1
营养水平			
消化能(兆焦)	12.46	11.7	11.9
(千卡)	2968	2787	2840
粗蛋白质(%)	13	10.3	12.5

注:青绿料配给法见表 8-6 注释

妊娠母猪如果是幼年母猪,在妊娠期自身需要生长发育,如果是经产母猪,则自身需要恢复体况(母猪上产仔猪断奶后,体重往往要下降 20%),因此,妊娠母猪既有一个自身发育增重的问题,又有一个负担胎儿发育的问题,在约 4 个月的妊娠期中,它总共要增重 35% ~ 50%,所以必须有相应的营养保证。随着妊娠母猪体重的增长,要及时增加饲粮的供应量,使其每餐都要吃饱,吃饱退槽后随即把剩料收走,既要保证营养需要,又要防止过肥。

妊娠母猪饲养的关键是既要保证必须的营养供应,以利自身和胎儿的发育,又要防止过肥,过肥的妊娠母猪严重影响产仔数和仔猪的初生重。为此,青绿和多汁饲料对妊娠母猪是至关重要的。青绿多汁饲料蛋白质和维生素含量都很丰富,而且能增进食欲、抑制肥胖、防止便秘。便秘是妊娠母猪的大害,是胎儿死亡的原因之一。

(三)妊娠母猪的管理

1. 防止死胎和流产　不得鞭打、脚踢,不得急剧驱赶,不得让母猪肚腹擦过障碍物,否则会造成死胎和流产。

不得饲喂霉败腐烂、冰冻食物和12℃以下的饮水,否则会造成死胎和流产。

2. 运动　每天应有1～1.5千米的缓慢驱赶散步运动,产前1周停止。运动后休息30分钟再喂饲。此外,每天还应有不少于2小时的舍外运动场上的自由活动。

妊娠母猪在运动中,还可以获得至关重要的日光浴。

运动对妊娠母猪至关重要,既可以增强体质和抵抗力,有利母猪和胎儿发育,有利分娩,防止过肥,又可通过日光浴,增加维生素D的合成,增加钙的吸收利用。

俄罗斯"铁人"综合养猪场曾对一产、二产、三产母猪的生理学状况进行了考察,发现饲养和小气候条件都是令人满意的,但是经常关在栏内缺乏运动的母猪,其血红素不足,血清的杀菌活性降低和矿物质代谢破坏,这就证明母猪对外界的抵抗力降低。

母猪新陈代谢被破坏时,在临床上通常表现为心脏激动,骨骼特别是四肢骨骼的结实性降低,当分娩产仔努责用力时,肌肉的活动力减弱,母猪产仔时出现大量的、甚至全窝都是弱胎和死胎。并且母猪多患慢性子宫炎和乳房炎,泌乳力降低,幼猪对肠胃疾病的敏感性和对各种疾病作用的感染性提高。

根据林协和等的研究,妊娠母猪的运动明显影响其分娩时间长短、死胎数量及仔猪活力(表8-15)。

表 8-15　妊娠母猪运动与其分娩持续时间、死胎及仔猪活力的关系

运动类别		1	2	3
母猪头数		28	18	6
运动时间	孕前期	每月 10~20 次 共 30~40 小时	每月 3~6 次 共 8~24 小时	每月 2~6 次 共 8~24 小时
	孕后期	每月 10~20 次 共 30~40 小时	每月 2~3 次 共 6~12 小时	—
仔猪窝数		35	24	6
有死胎的窝数		7	9	4
死胎比例(%)		20	37.5	66.6
难产窝数		—	—	2
难产比例(%)		—	—	33.3
产仔头数		349	241	90
活力强的头数		287	172	33
活力强的比例(%)		82	71	36.2
活力弱的头数		52	58	35
活力弱的比例(%)		14.9	24	38.9
死亡头数		10	11	22
死亡比例(%)		2.9	4.6	24
分娩时间(小时)		1~4	3~8	10~12

由表 8-15 可见，妊娠母猪的合理运动(表内第 1 类运动)，能明显地提高仔猪活力，减少死胎、弱胎和缩短母猪分娩时间。

我们在生产实践中，常常发现运动不足的和由此而过肥的母猪，由于分娩时无力努责和难产，分娩时间拖得很长，仔猪脱离子宫后却长时间停在产道内深部而窒息，以致造成大量的死胎和弱胎。

3. 产前减料　妊娠母猪在预产期的前 5 天就应开始减料，每 2 天减去 1/3，到分娩的当日，只喂给一些稀薄麸皮粥。

减料是防止乳房炎最有效的方法。临产前数天，母猪准备分娩产仔，乳腺急剧发育，营养过于充足，往往会促使乳房在产前过于膨胀充满乳汁（有时自动泌乳滴满地面）形成乳房炎。

哺乳母猪一旦发生乳房炎，将无法哺育仔猪，是全窝仔猪的大灾难，也给饲养员带来极大麻烦，仔猪的存活和发育将受到极大影响，难以挽救。

4. 产前查栏　妊娠母猪多在晚上分娩。为此到了预产期前 2 天，不论白天或晚上，应每隔 2 小时查栏 1 次，防止生产无人照料，造成仔猪冻死、饿死、压死、产道内窒息而死、老鼠咬死等。

5. 产栏消毒　在预产期前 2 天要对产房进行消毒，先用清水冲刷洗净，拖干，除掉积水，再用 2% 的来苏儿液喷洒，待稍干后在栏的一角垫上切碎（15～20 厘米长）褥草。

（四）助　产

母猪临产时，必须为母猪助产。半年辛苦、半年花费、半年希望全在此时，绝不能让到手的成果丢了。

1. 母猪临产征状　临产前母猪衔草做窝，阴门肿胀充血，乳房肿胀，并可挤出乳汁，频频大小便，起卧不安，栏内转圈，进而羊膜囊（如小气球）露出，随即破水卧下分娩。

2. 助产准备　用 0.2% 的高锰酸钾水洗涤母猪腹部及后躯。在盛仔猪的箩筐内垫上切短的柔软褥草。同时，准备干净抹布、耳号钳、碘酊棉球、秤和产仔登记簿等备用。

3. 助产

（1）擦拭仔猪身体　仔猪产出后应立即用干净抹布抹去口鼻上的黏液，然后抹干全身，放于仔猪箩筐内。

（2）拉出停产仔猪　露出脚尖或嘴鼻的仔猪如果停在产道口

而不产出,或又缩回产道内,应及时将仔猪强制拉出,以防在产道内窒息死亡。

(3)救治假死仔猪　仔猪产出若假死不动,无声,应立即采取救治措施:提起后腿拍打仔猪胸部;将仔猪仰卧托于双手中,轻轻弯曲折动;人工呼吸,将仔猪鼻部放在口中吹气。

(4)断脐　仔猪产出后约10分钟后待脐带血液波动停止,再行断脐,距仔猪腹壁2~3厘米处用食指和母指拧断脐带,在脐带断端涂上碘酒。

(5)胞衣处理　母猪正常分娩一般2~3小时,最快的1个多小时,缺乏运动的母猪则长达6小时,少数也延长至10多个小时。分娩结束后约半小时,产下胞衣。

有时胞衣内还包着发育正常的仔猪,应赶快将仔猪剥出擦干,以防窒息死亡,因此胞衣产出后应予检查。胞衣产出经检查后即取走,以防母猪吃食。

(6)仔猪第一次哺乳　一般在产后2~3小时后,应让仔猪吃到第一次初乳。如果母猪生产过程快,2~3个小时生产结束以后,将仔猪从箩筐捉出让它们吃第一次初乳。如果分娩时间超过了3个小时,则让先产出的仔猪吃乳,边哺乳边生产。

(7)仔猪编号　为了有利于管理,仔猪产出后即行编号,如果仔猪全为将来肥育用,则全窝仔猪都编同一号码,叫窝号,从年初第一窝起按产出顺序编号;如果仔猪是作为种用的则应编个体号,号码不能与场内现有种猪号码相同,接着现有种猪号码按顺序编排。

仔猪编号应在产后24小时内进行,时间久了,耳上打号就会造成流血和溃疡。

先用碘酊棉球擦拭耳号钳消毒,再在耳上打号的部位消毒,打完号再对伤口消毒。

猪耳上编号剪缺口,不同部位的缺口代表不同的号码的原则是左大右小,即左耳的上下耳边每个缺口为两位数的号码,右耳的上下耳边,每个缺口为个位数的号码。公猪编单号,母猪编双号。

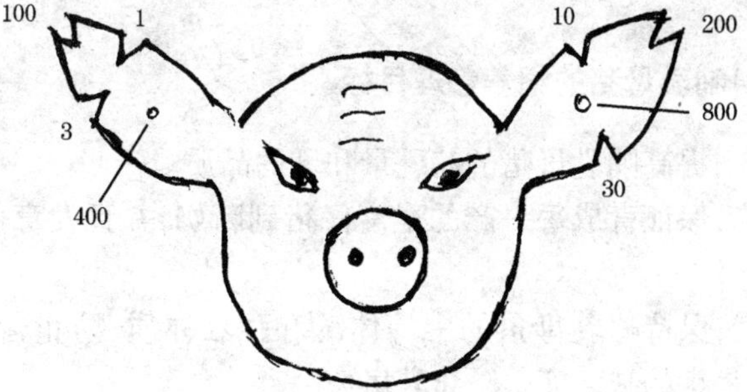

图 8-1　猪耳剪缺编号法

如图 8-1 所示,右耳上缘剪 1 个缺口为 1 号,剪 2 个缺口为 2 号。下缘剪 1 个缺口为 3 号,剪 2 个和 3 个缺口分别为 6 号和 9 号。因此 4 号为上缘一个缺口,下缘一个缺口。5 号为上缘 2 个缺口,下缘 1 个缺口。6 号为下缘 2 个缺口。7 号为下 2 上 1,8 号为上下各 2,9 号为下缘 3 个缺口,100 号为耳尖上 1 个缺口。即右耳的上下缘都为个位数,只有耳尖为 100,耳朵中间打 1 个洞则为 400。

左耳编号原则上与右耳相同,只是左耳上下缘都为 10 以上的两位数,上缘一个缺口为 10 号,2 个缺口为 20,下缘 1 个缺口为 30,2 个为 60,3 个为 90,耳尖缺口为 200,耳中一个洞为 800。

(8)仔猪称重及登记　在给仔猪编号时,同时称重并逐一登记,逐项登记分娩母猪号、与配公猪号、生产日期、仔猪个体号、仔猪个体重,同时统计窝产活仔数和死胎数。

四、哺乳母猪的饲养管理

(一)哺乳母猪的饲养管理目标

第一,提高哺乳母猪的泌乳量和乳的品质。

第二,保证育成每一产的全窝仔猪到断奶,并且发育健壮,个体均匀。

第三,保持哺乳母猪的中等体况和强壮体质,防止营养缺乏症,特别是钙的缺乏症。防止乳房炎。

(二)哺乳母猪的饲养水平

母猪在分娩的当天,分娩结束3小时后只喂一些温热稀薄的麸皮粥(加入少许食盐或糖),第二天投给一些青绿料和多汁料,少许精料。在产后7~10天内都应以青绿料(菜叶类)和多汁料(萝卜瓜果类)为主,逐渐增加精料,使母猪保持半饥饿状态。到产后7~10天以后,则按标准正常饲养。

在产后7~10天内如果喂给大量精料(标准饲粮)往往会引起乳房炎和便秘,进而引起食欲下降,终而造成大害。因此,千万牢记对哺乳母猪加料千万不要操之过急。

母猪产后7~10天后转入正常饲养水平。哺乳母猪的饲养水平要比妊娠母猪高得多,这是因为哺乳母猪在哺乳期要生产大量乳汁。高产的大型品种哺乳母猪,在整个60天哺乳期内,总共要生产438.4千克乳汁,即平均每天要生产7.3千克乳汁。我国四川内江黑猪在产后21~30天内,平均每天产乳量亦高达6.31千克。

据艾斯佩鲁森对长白猪乳汁的分析,哺乳母猪不但要生产大量的乳汁,而且其所产乳汁干物质含量特别高,远远高于牛乳(表8-16)。

表 8-16　长白猪乳汁与牛乳成分比较　（%）

乳别	干物质	蛋白质	脂肪	乳糖	灰分
牛乳	12.7	3.3	3.8	4.9	0.7
猪乳	19.5	6.5	7.1	7.1	1.0

注:灰分即无机物

因此,对哺乳母猪的合理精心饲养,不论在何种国民经济条件下,都特别引起人们的关注。

1. 大型瘦肉型品种哺乳母猪饲养标准　见表 8-17 和表 8-18。

表 8-17　大型瘦肉型品种哺乳母猪每千克饲粮养分含量

指　标	母猪分娩体重(千克)			
	140 ~ 180		180 ~ 240	
泌乳期体重变化(千克)	0.0	- 10.0	- 7.5	- 11.0
消化能:(兆焦)	13.80	13.80	13.80	13.80
(千卡)	3300	3300	3300	3300
粗蛋白质(%)	17.5	18.0	18.0	18.5
赖氨酸(%)	0.88	0.93	0.91	0.94
蛋氨酸 + 胱氨酸(%)	0.42	0.45	0.44	0.45
钙(%)	0.77	0.77	0.77	0.77
食盐(%)	0.44	0.44	0.44	0.44

笔者注:此标准营养水平偏高,实际应用时,消化能可为 3 100 ~ 1 200 千卡,粗蛋白质 14% ~ 15% 即可

表 8-18　大型瘦肉型品种哺乳母猪每头日需营养量

指　标	母猪分娩体重(千克)			
	140 ~ 180		180 ~ 240	
泌乳期体重变化(千克)	0.0	- 10.0	- 7.5	- 15.0
日食风干料(千克)	5.25	4.65	5.65	5.20
消化能:(兆焦)	72.45	64.17	77.97	71.76
(千卡)	17325	15345	18645	17160

续表 8-18

指　　标	母猪分娩体重(千克)			
	140～180		180～240	
泌乳期体重变化(千克)	0.0	－10.0	－7.5	－15.0
粗蛋白质(克)	918.8	837.0	1017.0	962
赖氨酸(克)	46.2	43.2	51.4	48.9
蛋氨酸＋胱氨酸(克)	22.1	20.9	24.9	23.4
钙(克)	40.4	35.8	43.3	40.0
食盐(克)	23.1	20.5	24.9	22.9

2. 我国肉脂兼用型哺乳母猪饲养标准　见表 8-19。

表 8-19　我国肉脂兼用型哺乳母猪饲养标准

营养物质	每千克饲粮含(%)	每头日需营养量(克)			
		哺乳母猪活重(千克)			
		＜120	120～150	150～180	＞180
日食风干饲粮(千克)		4.8	5.0	5.2	5.3
消化能:(兆焦)	12.18	58.46	60.90	63.34	64.55
(千卡)	2900	13920	14500	15080	15370
粗蛋白质(%)	14	672	700	728	742
赖氨酸(%)	0.50	24	25	26	27
蛋氨酸＋胱氨酸(%)	0.31	14.9	15.5	16.1	16.4
钙(%)	0.64	30.7	32.0	33.3	33.9
食盐(%)	0.44	21.1	22.0	22.9	23.3
预混料(%)	1	48	50	52	53

3. 哺乳母猪预混料　见表 8-20。

表 8-20　各品种哺乳母猪预混料(表内元素与载体料配成 1 吨)

元　素	分量	元　素	分量
维生素 A(国际单位)	2000	铁(千克)	6.0
维生素 D(国际单位)	200	锰(千克)	3.5
维生素 E(千克)	1.0	铜(千克)	0.8
维生素 K(千克)	0.2	锌(千克)	7.5
维生素 B_2(千克)	0.5	钴(克)	5.0
维生素 B_3(千克)	1.2	碘(克)	27.0
维生素 B_5(千克)	2.2	蛋氨酸(克)	50
维生素 B_{12}(千克)	2.2	抗氧化剂(千克)	0.5
氯化胆碱(千克)	30		

注:载体料为钙粉或糠麸

4. 哺乳母猪饲粮结构　见表 8-21。

表 8-21　哺乳母猪饲粮结构(按消化能%)

饲　料	大型品种	中型和地方品种
青绿和多汁料	15	20
配合精料	85	80

5. 哺乳母猪饲粮举例　见表 8-22。

表 8-22　哺乳母猪典型饲粮举例

饲料(%)	大型品种	中型及地方品种
玉米粉	60	50
细糠	10	10
麸皮	—	7.5
豆饼	10	15
鱼粉	7.5	—
青绿及多汁料	10	15

续表 8-22

饲料(%)	大型品种	中型及地方品种
钙	1	1
食盐	0.5	0.5
预混料	1	1
每千克饲粮含		
消化能:(兆焦)	13.49	12.62
(千卡)	3213	3004
粗蛋白质(%)	16.2	15.3

(三)哺乳母猪的管理

1. 吃饱不浪费 哺乳母猪一般每窝哺育仔猪 10 头左右,随着仔猪逐渐长大,泌乳量也逐渐提高,食欲逐渐增进,采食量逐渐加大。因此,应根据食欲和采食情况及时加料,保证母猪和仔猪的营养。在分娩后第三至第四周泌乳高峰时,哺乳母猪日采食饲粮量比产后 10 天时往往要提高 50% ~ 100%,所以每餐要让哺乳母猪吃饱,边吃边添,吃饱退槽后多余的料取走添在下餐中再喂。如果发现哺乳母猪有肥臃倾向,则应适当减量。

哺乳母猪日喂 3 次。白天 2 次,夜间饲喂 1 次。

2. 运动 哺乳母猪从分娩后 1 周起,在晴暖无风的天气(冬季)每天应有适当的舍外运动,最初可同仔猪一起上、下午各 1 次,每次约 0.5 小时,以后逐渐增加到每次约 2 小时。

运动可增强哺乳母猪的体质,促进消化功能,提高食欲和泌乳力。

3. 日光浴 日光浴对哺乳母猪尤为重要,因为哺乳母猪在哺乳期要生产大量的乳汁,消耗大量的钙。为了保证钙的正常代谢,日光浴有非常良好的作用,使日光紫外线促进猪体内维生素 D 的合成,因而有利于提高饲料中钙、磷的吸收和利用。

长期阴雨无法使哺乳母猪获得日光浴时,则应在日粮中补加维生素 D,以保证钙、磷的正常代谢。鱼肝油是最好的维生素 A 和 D 的补充剂。

我们经常发现特别高产的哺乳母猪(产仔数多,仔猪发育特别良好、硕大、健壮),由于在哺乳期缺乏舍外活动和日光浴,饲料中又缺乏维生素 D 的补充,严重影响了对饲料中钙的吸收利用,使哺乳母猪产生严重的缺钙现象,以致造成母猪后肢瘫痪,以后再不能继续生产,只好淘汰。

4. 充分供应饮水　哺乳母猪每天要分泌大量乳汁,需水量很大,每天须保证清洁饮水不少于 10 升。用水槽喂水时,水槽每天都必须刷拭清洗,以保证水质良好。

(四)哺乳母猪体况和体重变化与产仔情况的关系

哺乳母猪在正常的培育条件下,体重和体况变化很大。根据笔者的观察统计,哺乳母猪的体况与体重变化的关系见表 8-23。

表 8-23　母猪产后 60 天各种不同体况下体重下降率　(%)

母猪体况	外形表现	头数	体重下降范围	平均下降
中上	背腰宽广,腹部丰满,与产后 3 天内的体况无显著差异,全体略呈肥臃倾向	3	1.3~4.8	4
中等	与中上体况的外形比较,略显消瘦,但全体基本上比较丰满,只腹部稍扁,看不到腰角显露	16	6.0~8.6	7
中下	背腰较狭窄,腰角显露,但不尖耸,膁部略有陷凹,腹部较扁	18	10~12	11.5

续表 8-23

母猪体况	外形表现	头数	体重下降范围	平均下降
下等	背腰呈显著屋脊状,肋骨与背椎显露,腰角尖耸,臁部显著陷凹,腹部甚扁	16	14.8~22.3	19

注:以产后3天的体重为100%

体况下降到下等和体重下降15%以上的哺乳母猪,对于下一产有严重不良的影响,根据笔者的观察统计,哺乳母猪断乳时的体况和体重下降百分率与下产产仔情况的关系见表8-24。

表 8-24 哺乳母猪断乳时的体况和体重下降情况与下产产仔情况的关系

哺乳母猪体况	哺乳母猪断奶时平均体重下降百分率(%)	经产母猪窝数	母猪下产的产仔情况					
			产活仔猪数	仔猪初生重(千克)	泌乳力(千克)	60天断奶重(千克)		育成率(%)
						窝重	个体重	
中等	7.0	18	11.8	1.16	79.5	146.6	13.8	90
中下	11.5	36	11.2	1.14	79.8	154.4	14.2	97
下等	19.0	20	8.8	1.03	56.3	103.4	13.2	89

注:中下体况的哺乳母猪断奶后因生产成绩很坏即被淘汰,没有留做研究观察

从表8-24中可以看出,保持哺乳母猪中下等以上的体况,产后至断奶时体重下降不超过15%,是获得母猪下产良好生产水平的基础。体况下降到下等体况和体重下降15%以上的哺乳母猪,主要是在哺乳母猪采食量增加时,喂料量没有及时足量跟上去,因而造成营养不足。饲粮中蛋白质不足,及其影响能量饲料碳水化合物的消化利用,也是引起哺乳母猪严重消瘦的原因。蛋白质饲料(鱼粉和豆饼等)不足的地区,建议给哺乳母猪每天补加250克黄豆(炒熟磨粉或制成豆浆)。

所以对于哺乳母猪,必须看体况喂料,太肥的要减精料加青粗

料，太瘦的要加料。保证哺乳母猪中等体况。

思　考　题

1. 如何防止种猪过肥过瘦，保证体质强壮？

2. 种猪什么年龄开始配种繁殖？

3. 种猪在发情期中什么时候是最佳配种期？

4. 母猪的发情期、发情周期和妊娠期一般有多长时间？产后发情一般在什么时候？

5. 根据饲养标准利用当地常用饲料给公猪、妊娠母猪和哺乳母猪各配一份饲粮。

6. 如何保证母猪满怀满产？

7. 如何给妊娠母猪助产？

8. 如何防止母猪乳房炎？

第九章　仔猪的饲养管理

所谓仔猪,一般是指出生后 60 天内的小猪。

一、仔猪的饲养管理目标

仔猪饲养管理目标可概括为以下三点:

第一,获得仔猪 60 日龄最大的增重。

第二,使仔猪早期习惯于植物性饲料,以保证营养与增重的平衡。

第三,防止仔猪死亡,保证全窝仔猪全活全壮,提高育成率。仔猪娇嫩柔弱,很容易死亡,必须像护理婴儿一样护理仔猪。

要完成这些任务,饲养员必须高度认真负责,精心护理。

二、仔猪的特点

(一)生长发育快

仔猪初生体重很小,我国地方猪一般是 0.8~0.9 千克,大型品种 1.4~1.5 千克,大约为成年体重的 0.5%。但是出生后生长发育特别快,10 日龄时可达初生重的 2 倍,30 日龄达 5~6 倍,60 日龄达 10~13 倍。60 日龄,我国地方猪可达 10~14 千克,大型品种 18~20 千克。根据这一特点,必须充分满足仔猪营养需要,以获得最高经济效益。

(二)代谢功能旺盛

仔猪的蛋白质、能量以及钙、磷代谢都比成年猪高得多,一般生后20日龄的仔猪,每千克体重要沉积蛋白质9~14克,而成年猪每千克体重只沉积0.3~0.4克,即仔猪每增重1千克所沉积的蛋白质相当于成年猪每增重1千克所沉积蛋白质的30~35倍。

仔猪每千克体重所需代谢净能是303.24焦耳(72.2千卡),为成年猪95.76焦耳(22.8千卡)的3倍。仔猪每千克增重中含钙7~9克、磷4~5克。

所以对仔猪的饲养,不但要保证营养物质的数量,而且还要保证营养物质的质量。

(三)消化功能逐渐成熟

初生仔猪的淀粉分解酶系统发育很弱,须到出生后的第六至第七天,唾液和胰腺的淀粉酶才能完全消化食物中的碳水化合物。所以仔猪补料应在出生1周后才能开始。

仔猪在3周龄前,胃液中缺乏游离盐酸,所以没有抗菌能力。因此,3周龄内的仔猪应特别注意其母体、猪栏、饲料、饮水和饲槽、水槽等的清洁卫生,防止受冷、受湿,以防止对仔猪危害极大的胃肠疾病特别是痢疾的发生。

(四)调节体温能力差

仔猪初生时,大脑皮层发育不全,对体温的调节能力很差(表9-1),特别是出生后第一天,在寒冷环境中,不易维持正常体温,因而容易被冻死。仔猪如果裸露在1℃的环境中,2小时后即会冻僵或冻死。

表 9-1 新生仔猪体温与气温的关系

室内气温(℃)	仔猪产后 1 小时体温(℃)	达正常体温 40℃所需小时数
4~12	35.1	10
10~16	36.6	5
18~22	37.7	4
21~25	37.8	4
25~30	38.5	2

因此,对仔猪注意保暖防冻极为重要,如果在 5 小时内达不到正常体温 40℃,仔猪就有冻死的可能。在 12℃的室温下,将全窝仔猪盛放在垫有软质草秆的器具内,上盖棉片,5 小时内可自身调节到正常体温 40℃,但这个温度仍不适宜仔猪正常发育,只能使它产后免于冻死。为此,新生仔猪出生时室内温度必须不低于 16℃,或人工保暖在 16℃以上。

三、保温防寒

(一)仔猪各日龄最佳舍温

仔猪培育的适宜环境温度为 25℃~28℃。各日龄阶段的最佳舍内温度为:1~3 日龄,30℃~32℃;4~7 日龄,28℃~30℃;8~14 日龄,25℃~28℃;15~30 日龄,22℃~25℃;30~60 日龄,22℃。

(二)根据条件确定产仔制度

大型养猪场应建设具有空调设备的产房,可全年均衡产仔。中小型猪场和农村专业户养猪,宜实行季节产仔,将产仔相对集中于春、秋两季。

(三)寒季产仔要采取保温防寒措施

1. 门窗缝隙关堵严密　关好门窗,堵塞墙壁和门窗上的漏缝、漏洞。

2. 人工增温　用 150~200 瓦的红外线吊灯泡,吊在仔猪窝上,用调节吊灯高度以调节温度,如高 40~50 厘米,可保持猪床温度 30℃左右。可以使相邻的两窝仔猪共用 1 个灯泡,即在两头哺乳母猪之间空出一间猪栏,作为仔猪栏,仔猪吃料、睡觉、控制仔猪吃奶都在这里。

3. 加垫褥草　舍温低于 10℃ 时,垫草厚须有 10 厘米以上,并在仔猪窝上挂一束干草垂地,让仔猪在草下取暖。

四、辅助仔猪哺乳

初生仔猪,神经系统发育不全,战战兢兢,衔不住奶头。因此,在生后 2~3 小时就应当由人工辅助哺乳,帮助仔猪找着和衔住乳头,使仔猪吃到第一次初乳。人工辅助哺乳一般要持续 1 周时间。没有人工辅助,放任仔猪自己吃乳,往往会使仔猪特别是弱小仔猪饿死,或者成为僵猪。人工辅助哺乳是保证仔猪全活全壮最重要的一关。据统计,仔猪因未获得辅助哺乳而直接饿死和因此体质孱弱而死者达 20%以上。

为了让仔猪发育均匀,在人工辅助哺乳时,应该让弱小的仔猪吃前面产奶量多的乳头,强壮的仔猪吃后面的乳头。如果按每头仔猪一个乳头还有多余乳头时,弱小的仔猪应该给它固定相邻的两个乳头。强壮的仔猪往往抢吃邻近其他仔猪的乳头,必须予以制止。

仔猪每天吃乳的次数很多,在分娩后 3 天内每天昼夜哺乳达 24 次,即 1 小时 1 次,3 天以后日哺乳次数达到 26 次,以后次数逐渐减少,至50日龄后日哺乳次数约16次。人工辅助哺乳,可以适当控制哺乳次数,白天可1.5小时哺乳1次,夜间可2小时哺乳1次。

经过1周的辅助和训练哺乳后,仔猪就能自己各就各位,建立起良好的秩序,在固定的乳头上吃奶。

辅助仔猪哺乳是一项细致而辛苦的工作,在仔猪产后1个月内,饲养员最好晚上住在猪栏内,以便工作,或者有专门的夜班工。

五、防　压

防止仔猪被母猪睡卧时压死,这是提高仔猪育成率的重要因素。在大型瘦肉型品种猪中,被母猪压死的仔猪占仔猪死亡率的50%以上。大型品种母猪体重大都在250千克左右,起卧非常困难,所以睡卧时往往像门板一样闪电似倒下,压着围在身边急于吃奶的和睡在褥草里的小猪,一直将它压死为止。为防止压死仔猪,可采取以下措施。

第一,切短母猪垫草,以便仔猪身体易于裸露和逃跑。

第二,设置护仔架,在母猪习惯睡卧的墙根处离地和墙体各20厘米安装一根护仔棍(直径5厘米的钢管或8厘米的钢筋水泥柱)。母猪睡下时可从护架下逃跑。

第三,设置仔猪间,取暖、吃食、睡觉都在这里,可以两窝仔猪共设一间。

第四,加强人工看护,饲养员不能长时间离开猪舍,中午和晚上应有值班工。

现在我国很多科研院所办的养殖场,为了防止母猪压死仔猪,高成本学习外国经验,将哺乳母猪在整个哺乳期关养在不锈钢笼架内,只能容母猪起卧,仔猪在笼架外面吃奶。笔者不主张这种办法,其理由有二:一是成本太高,农村养殖户搞不起;二是严重损害母猪体质，缩短种用年限。

六、仔猪补料

农家传统养殖，一般不对仔猪进行人工特殊补料，起初仔猪完全依靠母乳，随着日龄增长，待到仔猪约1月龄以后才自行跟着母猪慢慢学习吃料，40～50日龄以后，再给仔猪专吃的特殊饲料(主要是米粥)。我们今天是要破除传统饲养仔猪的方法，要提早和强制使仔猪吃料。为什么要提早补料，何时开始补料，如何强制仔猪吃料，让仔猪吃什么料，这是我们要在这里讨论的问题。

(一)为什么要给仔猪补料

1. 根据仔猪的特点及其60日龄个体重与以后生长发育的关系，必须给仔猪补料　仔猪特点之一是生长发育快，应该抓住这一特点，增加仔猪营养，以获得最经济的、最大的仔猪增重。

仔猪60日龄的个体重与以后肥育期的增重呈正相关，肥育猪特别是瘦肉型肥育猪要抢月龄、抢活重、早出栏，所以必须给仔猪补料以提高其活重，缩短以后肥育猪的肥育期。

2. 根据母猪泌乳规律，必须给仔猪补料　母猪的日泌乳量与仔猪的增重很不协调，仔猪随着日龄的增长，体重日渐增大，可是母猪的泌乳量是一条宝塔形曲线，达到一定高峰(产后5周)后就逐渐下降。因此，这就产生了母猪泌乳量减少与仔猪绝对增重加大、需要营养物质增多的矛盾，要解决这个矛盾，并抓住小猪生长快这个时机，就必须在母猪泌乳曲线高峰下降前，能使仔猪大吃料，而不是才开始学习吃料。

哺乳母猪的泌乳规律见表9-2至表9-5。

表 9-2 大型瘦肉型品种哺乳母猪泌乳规律 （千克）

产后周数	据 Гезелер		据 Еспepceн	
	大白猪		长白猪	
	昼夜泌乳量	周泌乳量	昼夜泌乳量	周泌乳量
1	7.5	52.5	6.9	48.3
2	8.7	60.9	8.0	56.0
3	8.3	58.1	8.3	58.1
4	9.1	63.7	8.3	58.1
5	9.4	65.8	8.4	58.8
6	8.9	62.3	8.2	57.4
7	7.9	55.3	7.7	53.9
8	6.1	42.7	6.7	46.9
全期	8.2	461.3	7.8	437.5

表 9-3 我国内江猪哺乳期各日泌乳量

产后天数	每天泌乳次数	每次泌乳量（克）	每天泌乳量(千克)	各阶段泌乳量（千克）
1～3	12.2	167.19	2.04	6.12
4～10	24.6	184.69	4.55	31.85
11～20	28.1	208.44	5.87	58.70
21～30	24.0	263.31	6.31	63.70
31～40	12.0	304.69	3.66	36.60
合计	—	—	—	196.97

表 9-4　大型瘦肉型品种哺乳仔猪各周由母乳获取消化能的平衡状况（Еспepcен）

哺乳仔猪周龄	母猪每昼夜为每头仔猪泌乳(千克)①	每头仔猪每昼夜从母乳获得消化能(千卡)②	仔猪每昼夜需消化能(千卡)	可消化能平衡(千卡)	可消化能不足(%)
1	0.72	893	750	+143	—
2	0.83	1029	1113	-84	7.5
3	0.83	1029	1256	-227	18.0
4	0.87	1079	1429	-350	24.5
5	0.89	1104	1662	-558	33.5
6	0.85	1054	1931	-887	45.4
7	0.78	967	2314	-1350	58.2
8	0.64	794	2750	-1956	71.1

注：①按每窝仔猪 10 头计

②按每千克猪乳含消化能 1 240 千卡(5.208 兆焦)计

表 9-5　哺乳仔猪各旬每增重 1 千克所需营养中的母乳比率　(Дерябин)

指　标	仔猪生后各旬					
	1	2	3	4	5	6
仔猪每增重 1 千克需饲料(千克)	2.4	3.0	3.2	3.3	3.5	3.3
其中母乳	1.7	2.0	1.5	1.2	0.9	0.5
母乳占总耗饲料量的百分比(%)	70.8	66.7	47.0	36.4	25.7	15.2

根据表 9-2 和表 9-3 的资料可以看出，母猪生产后随着仔猪年龄和活重的增长，日泌乳量逐渐上升，我国地方猪——内江母猪在产后 30 天左右、大型品种长白母猪和大白母猪在产后 35 天左右，日泌乳量达到最高峰，以后随着仔猪年龄和绝对活重进一步增长，母猪日泌乳量反而下降。因此，对哺乳母猪产后 1 周内不宜喂得太多太好，以免乳汁过旺造成乳房炎。以后至 1.5 个月内，哺乳母

猪的饲粮应逐渐提高。

根据表9-4和表9-5的资料可以看出,哺乳仔猪增重所需的营养与母乳可能提供的营养,从仔猪2周龄开始,自始至终存在供少于需的矛盾,随着仔猪年龄的增长,即从仔猪6周龄起,由于仔猪增重显著上升,而母猪泌乳量开始下降,因而使哺乳仔猪营养的供需矛盾更加突出。这一矛盾当然只能通过为哺乳仔猪补加饲料来解决,饲料的补加与否以及所补加饲料的营养水平如何,不仅决定了仔猪2月龄时的活重,而且影响其以后生长发育的水平。

(二)仔猪补料的饲养标准

1. 哺乳仔猪基础饲料的营养水平　见表9-6。

表9-6　各品种类型哺乳仔猪基础饲粮的营养水平
(每千克饲粮含)

各不同品种的仔猪活重(千克)	大型瘦肉型品种		地方肉脂型品种		
	5~10	10~20	1~5	5~10	10~20
消化能:(兆焦)	14.28	13.86	13.86	13.44	13.02
(千卡)	3400	3300	3300	3200	3100
粗蛋白质(%)	23	20	20	18	16
粗纤维(%)	3.0	4.0	—	3.0	4.0
磷(%)	0.8	0.6	0.8	0.6	0.5
钙(%)	1.0	0.8	1.0	0.8	0.6
食盐(%)	0.4	0.4	0.25	0.26	0.25
预混料(%)	1	1	1	1	1

注:大型品种与中型或地方品种的杂种对消化能和粗蛋白质的要求可以取双亲品种的中间水平

2. 哺乳仔猪预混料　见表9-7。

表 9-7　哺乳仔猪预混料(表内元素与载体料钙粉或糠麸配成 1 吨)

元素	分量	元素	分量	元素	分量	元素	分量
维生素 A(百万单位)	5950	维生素 B_3(千克)	1.012	铜(千克)	7.5	青霉素(千克)	2.5
维生素 D(百万单位)	600	维生素 B_5(千克)	3.0	锌(千克)	6.0	链霉素(千克)	2.5
维生素 E(千克)	3.2	维生素 B_{12}(千克)	4.4	钴(克)	25	四环素(千克)	6.0
维生素 K(千克)	0.3	氯化胆碱(千克)	15	碘(克)	105	碘胺二甲基嘧啶(千克)	9.0
维生素 B_1(千克)	0.3	铁(千克)	2.544	蛋氨酸(千克)	50	抗氧化剂(千克)	0.5
维生素 B_2(千克)	1.2	锰(千克)	6.0	赖氨酸(千克)	52		

3. 推荐的哺乳仔猪饲料配方　见表 9-8 和表 9-9。

表 9-8　许振英推荐的哺乳仔猪基础饲粮配方　(%)

活重(千克)	1~5		5~10		10~20	
配方编号	1	2	3	4	5	6
全脂奶粉	20.0	—	—	—	—	—
脱脂奶粉	—	—	10	—	—	—
玉米	15	43	43.6	46	54	59
小麦	28	—	—	—	7.8	6
高粱	—	—	10	18	6	5
麦麸	—	—	5	—	—	—
豆饼	22	25	20	27.8	22	23
鱼粉	8	12	8	7.4	8	3.1

续表 9-8

活重(千克)		1~5		5~10		10~20	
配方编号		1	2	3	4	5	6
干草粉		—	—	—	—	1	2
饲料酵母		—	4	2	—	—	—
白糖		5	5	—	—	0.5	0.5
炒黄豆粉		—	10	—	—	—	—
碳酸钙		1	—	1	—	—	0.6
磷酸钙		—	—	—	—	0.3	0.4
骨粉		0.4	0.4	—	0.4	—	—
食盐		—	—	0.4	0.4	0.4	0.4
淀粉酶		0.4	—	—	—	—	—
胃蛋白酶		—	0.1				
胰蛋白酶		0.2	—				
每千克饲粮含	消化能:(兆焦)	15.33	14.93	13.65	14.49	13.56	13.77
	(千卡)	3650	3555	3250	3450	3230	3280
	粗蛋白质(%)	25.2	25.64	22	20.34	20.2	18

表 9-9 Кабанов 推荐的哺乳仔猪饲料配方

仔猪日龄	30日龄前			30日龄后		
配方编号	1	2	3	4	5	6
玉米	28			10	20	15
豌豆	—		12	10	10	
大麦	30	30	30	40	34	35
燕麦	—	28	12	—	8	—
小麦	—	—	10	10	—	—
小麦麸	5	5	5	6	10	7

续表 9-9

仔猪日龄	30日龄前			30日龄后		
配方编号	1	2	3	4	5	6
豆麻饼	10	10	4	4	—	—
向日葵饼	—	—	7	5	7	7
鱼粉	10	10	—	—	3	—
饲料酵母	5	5	5	5	2	10
脱脂奶粉	10	10	10	5	5	10
干草粉	—	—	—	3	—	3
骨粉	1.2	1.2	1.2	1.2	—	1.0
白垩粉	0.5	0.5	0.5	0.5	1.0	0.5
食盐	0.3	0.3	0.3	0.3	0.3	0.5
每千克饲粮含:						
消化能:(兆焦)	15.37	14.24	14.36	14.49	14.36	13.61
(千卡)	3660	3390	3420	3450	3420	3240
粗蛋白质(%)	21.2	20.9	20.1	17.0	18.0	23.0

(三)补料方法

1. 补喂铜铁 仔猪生后 2~3 天就应补喂铜铁,这对生长发育特别快的大型瘦肉型品种仔猪尤为重要。铜铁是造血的原料,可以防止贫血,促进生长。

仔猪出生时,体内贮存约有 50 毫克的铁,但每天生长约需 7 毫克,而母乳中含铁很少,每 100 克乳中只含有 0.2 毫克的铁,按 1 头仔猪 1 天吃乳 500 克计,则只能从母乳中获得 1 毫克的铁,因此仔猪特别是大型瘦肉型品种仔猪,如果不给补铁,则出生后不到 10 天就会使体内的铁完全耗尽而缺铁,缺铁的时候也同时缺铜。

缺乏铜铁的小猪,往往表现为食欲不振,被毛蓬乱缺乏光泽,皮肤苍白,生长停滞,下痢,精神萎靡不振。

饲喂铜铁的方法是,用2.5克硫酸亚铁和1克硫酸铜溶于100毫升清洁水中,装于茶色璃玻瓶内,仔猪吃奶时,将溶液滴在母猪乳头上,让仔猪吸吮,每日2次,每头日喂约10毫升。或用滴管吸取溶液直接滴入仔猪口中,每日2次,每次5毫升。仔猪会吃料时,就加入饲料内,如饲料中拌有预混料,则不再另喂铜铁溶液。

2. 仔猪补水 仔猪生后4~5天应该开始补水。由于猪乳浓度大,仔猪生后4~5天吮乳量增加,需要饮水止渴,如果不能得到饮水,就会喝脏水,喝尿,易引起腹泻。

仔猪这时肠胃尚缺乏抗菌功能,因此应该为仔猪补给凉开水(冬季不低于12℃)。开水盛在小水槽内,水槽长约60厘米,边高8厘米,距槽口约12厘米的上方加一槽挡(提把),防止仔猪把脚踩入槽内。水槽依墙摆放,防止弄翻。饮水每天必须更换新水,水槽每天要洗刷干净。20日龄后,开水可改为常水。

2. 补喂基础饲粮

(1)补喂开始日龄　从仔猪7日龄开始补喂基础饲粮,一是这时仔猪唾液和胰腺淀粉酶已能完全消化植物中的碳水化合物;二是为了解决从这时已开始出现的仔猪增重与母乳营养不足的矛盾;三是因为要经过较长时间的补料训练才能使仔猪在6周龄左右时大上料,以解决在这时出现的由于仔猪增重急剧上升而母猪泌乳量反而急剧下降所引起的更加突出的营养矛盾问题。

开始补料时,由于仔猪幼小,不习惯吃食植物性饲料,因此饲养员必须要有极大的耐心。

(2)引料　将炒焦的蚕豆、豌豆或玉米粒撒在仔猪补料间的干净地面上,让仔猪采食。仔猪特别喜爱吃这种粒料,而且粒料上带有炒焦的焦炭对肠胃也有好处。

(3)强制喂料　在配合饲粮中加入开水搅成干湿粑,左手拇指和食指夹住仔猪两边口角，使仔猪嘴巴张开，右手用 3～4 厘米宽的光滑竹片或木片挑起粑料（一小团）刮在仔猪舌头上，然后手指松开，让仔猪咽下粑料。如此每天强制喂料 2～3 次，每次每猪强喂 2～3 口。不可喂量过多，否则会引起腹泻。

强制喂食训练直至仔猪能自动采食为止，一般需要 1 周时间，至多 10 天。

在仔猪能自动采食后，配合料不必再和成粑状，而改成干湿状（水∶料为 1∶3）小粒料，每天喂 5～6 次，其中 1 次放在夜间补喂。喂料前 1 小时，不宜让仔猪吃奶，将仔猪隔在补料间内。

七、仔猪寄养

（一）寄养原因

有下列情况之一的仔猪需要寄养：

其一，母猪患乳房炎，停止泌乳；其二，产仔数过多，乳头不足；其三，母猪死亡。

（二）寄母选择

仔猪寄养的关键是选择好寄母，所选寄母应具备以下条件：

其一，有多余乳头；其二，产期相隔不远；其三，母性好，乳量多。

（三）寄养方法

为了防止母猪认生咬伤寄养小猪，应采取以下措施：

第一步，先将寄母和自己仔猪分开，再将寄养仔猪与寄母仔猪关在一起 30～60 分钟，并予监护以制止寄母仔猪的排他性而咬斗寄养仔猪。

第二步，待寄母猪乳房膨胀和仔猪也相当饥饿时，就将寄母仔猪和寄养仔猪一同放出吃奶。要严密监护，防止寄母咬伤寄仔。

八、仔猪断奶

(一)断奶日龄

在我国广大农村，过去传统习惯为60日龄满月断奶，这实在太晚，对母猪体质影响很大。

实际上，仔猪到了大约50日龄时，因母猪体质已严重衰弱，体重大大下降，已经受不了全窝上10头以上硕大仔猪的强力拱奶吸奶，因而往往用力匍匐地上拒绝哺乳。

从理论上来讲，也不宜延至60日龄断奶，从前面表9-2至表9-5可以看出，从产后第七周起，母猪泌乳量就已开始下降，母猪产后第四周，母乳只占仔猪所需营养的36.4%，即1/3强，而且仔猪早已大吃料，为了保全母猪，小猪完全没有必要拖到60日龄断奶，特别衰弱的母猪往往在仔猪60日龄断奶后不能站立而死去。

现在有人提出了仔猪21日龄超早期断奶，30日龄断奶和35日龄断奶等早期断奶的各种主张，并对仔猪不同日龄断奶效果进行了大量比较试验，现将Ладан П.Е.等的试验结果列于表9-10。

表9-10　仔猪不同日龄断奶效果　(Ладан等)

指标	仔猪断奶日龄	
	35	60
母猪头数	10	10
母猪在哺乳期掉膘(减重)(千克)	24.2	42.8
母猪在哺乳期消耗饲料单位:		
共计	219	384

续表 9-10

指　　标	仔猪断奶日龄	
	35	60
按每头仔猪计	22.5	40.4
母猪恢复体况(掉膘)需饲料单位:		
共计	108.9	192.6
按每头仔猪计	11.2	20.3
仔猪 60 日龄内需饲料单位	26.1	19.4
每培育 1 头仔猪需饲料单位	59.8	80.1
母猪断奶后至发情配种平均天数	8	9
两窝仔猪间隔天数	157.6	183.1
下窝产仔数	11	10.9

注:每 1 饲料单位的营养相当于 1 千克燕麦

从表 9-10 可以看出,哺乳仔猪在 35 日龄断奶比 60 日龄断奶有明显良好的效果,窝次和与其相应的产仔数得到提高,饲料消耗量降低。

但是这个试验以及其他类似的试验,都未反映出早期(35 日龄以前)断奶仔猪与 60 日龄断奶仔猪后续生长发育的差异情况。但笔者观察它们的后续发育有明显差异。因此,笔者认为:仔猪断奶既不要拖到 60 日龄,也不宜实行超早期断奶。哺乳仔猪在 35～40 日龄时,正是母猪泌乳高峰期,在此之前就将仔猪断奶隔离未免可惜。而且在此期间让仔猪断奶,会影响母猪的乳腺发育,并最容易引起母猪乳房炎。另外,我国动物性蛋白质饲料(牛乳、羊乳、鱼粉和肉骨粉等)严重不足,一般难以普遍供应断奶仔猪全价饲料,过早断奶会影响仔猪以后的发育。笔者主张在大生产的条件下,仔猪以 45 日龄断奶较为适宜。这时母猪泌乳高峰已过,泌乳量已经开始下降,母乳已不是仔猪主要营养,仔猪经过补料训练,已经能自己大量采食饲粮。

(二)断奶方法

1. 全窝一次断奶法 在计划断奶日一次将全窝仔猪隔离转移至幼猪舍。

2. 逐渐断奶法 断奶前1周逐渐减少仔猪吃奶次数,至断奶期将发育好的仔猪先隔离断奶,发育差的仔猪延长哺乳期4~6天。

笔者主张全窝仔猪一次断奶,以免影响母猪发情配种。

思 考 题

1. 如何保证仔猪全活全壮?
2. 如何给仔猪补料?
3. 根据饲养标准如何给仔猪配一份基础饲粮?

第十章 肥育猪的饲养管理

所谓肥育猪,就是饲养达到一定活重后屠宰供人们吃肉的猪,这是养猪的根本目的。

一、瘦肉型肥育猪的饲养管理

我们在第三章讨论猪的经济类型时,已对什么是瘦肉型猪作了介绍,瘦肉型肥育猪的胴体瘦肉率必须达50%以上,一般在58%左右,最高以62%为适宜。

我们在第二章中也知道了猪的生物学特性之一是前期长瘦肉后期长脂肪,并在第三章知道了猪的品种经济类型与肥育经济类型的关系,在第六章中知道了猪前期长瘦肉需要什么营养,因此我们现在来讨论瘦肉型肥育猪的饲养管理问题,就比较容易理解和掌握了。

(一)获得理想瘦肉型肥育猪的关键

要想获得理想的瘦肉型肥育猪,用一句话来概括,就是"两抢两保证"。

1. 抢月龄 由于前期长瘦肉、后期长脂肪是各经济类型品种猪共同的生物学特性,所以猪的品种经济类型是相对的,而猪的肥育经济类型却是绝对的。因此,不论任何经济类型品种的猪,都可以利用来生产瘦肉型肥育猪,关键是在抢住肥育猪出栏属宰的月龄,即要抢在肥育猪瘦肉生长高峰期过后、脂肪贮积高峰期到来之前出栏屠宰,也就是抢在猪瘦肉生长发育随月龄增长而逐渐下降的曲线与猪脂肪贮积随月龄增长而逐渐上升的曲线交叉点月龄之前出栏屠宰。可是肉、脂两条曲线下降与上升的交叉点所在月龄，各品种因早熟性不同而是不一样的。

肉、脂两条生长发育曲线交叉点的月龄也就是瘦肉型肥育猪的经济成熟期。各品种肥育猪瘦肉型经济成熟期，即瘦肉型肥育猪出栏屠宰期大致为：

大型瘦肉型品种 6 月龄，中型品种和华中型品种 5 月龄，华南型和亚高原型品种 4 月龄，华北型和高原型品种 7 月龄，杂种肥育猪介于两亲本肥育猪月龄之间。例如，华南型和华中型地方猪分别与大型瘦肉型品种杂交，其杂种肥育猪可分别为 4.5 月龄和 5.5 月龄，华北型猪与大型瘦肉型品种猪杂交，其杂种肥育猪为 6.5 月龄。

瘦肉型肥育猪抢不住瘦肉型经济成熟期而往后拖延出栏屠宰，则不再是瘦肉型肥育猪，而是脂用或肉脂兼用肥育猪。往后拖的时间越长，脂肪越多。

2. 抢活重　瘦肉型肥育猪达到了瘦肉型经济成熟期必须有一定活重，即肌肉必须充分发育，如果瘦骨嶙峋，就失去了经济价值。不同品种肥育猪达到其瘦肉型经济成熟期，可能达到的最大活重是不一样的，因此对它们的要求也不能一样，不能一概搬用国际市场上要求 90～100 千克的标准。

各品种肥育猪达到其瘦肉型经济成熟期应该达到的理想活重大致为：大型瘦肉型品种及其杂种 90～100 千克，中型品种和华中型品种 60～70 千克，华南型品种和亚高原型品种 40～50 千克，华北黑猪 80～90 千克。大型瘦肉型品种猪与地方猪的杂种猪介于两亲本品种之间。

国际上和我国港澳台地区，对于瘦肉型肥育猪的活重和品种性要求很严格，活重必须达到 90～100 千克，品种必须是大型瘦肉型品种或它们的杂种，这种严格要求有两个方面的原因：

一是只有大型瘦肉型品种肥育猪在正常饲养条件下，在瘦肉型经济成熟期才能使肥肉充分发育，活重达到 90～100 千克，有较高的瘦肉率。

二是只有这种活重的肥育猪，其后腿才能腌制出最佳的火腿，即火腿的重量最理想且品质最佳。对于大型品种猪来讲，肥育猪活重小于 90 千克，表明肥育猪年龄小，肉中水分含量高，火腿腌制时大量水分析出，使火腿变硬；活重大于 100 千克，表明肥育猪年龄大，肉中脂肪含量高，因而降低了火腿的质量。

其实，我国华南、华中和亚高原地区的地方品种猪由于早熟，因此在它们各自瘦肉型经济成熟期达到肌肉充分发育的相应活重时，肉中水分含量则并不是很高，所以腌制出了举世闻名的金华火腿和宣威火腿。

我国地方猪种最好与大型瘦肉型品种杂交生产肥育猪，华南型地方猪与大型瘦肉型品种猪的杂种肥育猪 4.5 月龄活重 50～60 千克出栏，华中型地方猪与大型瘦肉型品种猪的杂种肥育猪 5.5 月龄活重 70～80 千克出栏，华北型地方猪与大型瘦肉型品种猪的杂种肥育猪 6.5 月龄 70～80 千克出栏，这样既可以提高活重，也可以提高瘦肉率，而且肉质好，成本低。但这种猪只适于内销。

3. 保证饲养水平　要抢住瘦肉型肥育猪的最佳出栏月龄和活重而获得最佳的瘦肉型胴体，必须保证种猪和肥育猪合理的、符合其遗传性所要求的、有利其遗传性发育表现的饲养管理条件。

对种猪和肥育猪进行合理的饲养管理是生产高品质瘦肉型肥育猪进行“两抢（抢月龄、抢活重）”，发挥其遗传性素质的物质基础。瘦肉型肥育猪在其瘦肉型经济成熟期全阶段，基本上都必须以高能量、高蛋白的全精料型配合日粮一条龙式的饲养，富含维生素类的青绿多汁饲料由工业产品“多维”充当，只有这样才能抢住月龄和活重。

4. 保证育种水平　好种出好苗。因此，必须有好的种猪，并进行严格的选种选配。

(二)瘦肉型肥育猪的饲养标准

瘦肉型肥育猪生产大量的瘦肉,主要依靠其瘦肉生长发育强烈的幼年阶段,在旺盛的新陈代谢作用下对饲料中碳水化合物物质的消化吸收以提供能量,对饲料中蛋白质的分解吸收综合成自身的蛋白质,并将其中的大部分以瘦肉的形式沉积于体内构成肌肉组织。因此,这就要求饲粮中能量、蛋白质、维生素和矿物质等营养物质的合理配合供应。

现在许多国家都制订了瘦肉型肥育猪的饲养标准,现将我国瘦肉型肥育猪饲养标准列于表 10-1 和表 10-2,美国瘦肉型肥育猪饲养标准列于表 10-3 和表 10-4,俄罗斯瘦肉型肥育猪复合添加剂预混料配方列于表 10-5。

表 10-1 中国瘦肉型肥育猪每千克饲粮养分含量

指 标	体重(千克)				
	3~8	8~20	20~35	35~60	60~90
预期日增重(克)	240	440	610	690	800
日食风干料(千克)	0.30	0.74	1.43	1.90	2.50
消化能:(兆焦)	14.02	13.60	13.39	13.39	13.39
(千卡)	3350	3250	3200	3200	3200
粗蛋白质(%)	21.0	19.0	17.8	16.4	14.5
赖氨酸(%)	1.42	1.16	0.90	0.82	0.70
蛋氨酸+胱氨酸(%)	0.81	0.66	0.51	0.48	0.40
钙(%)	0.88	0.74	0.62	0.55	0.49
食盐(%)	0.25	0.26	0.23	0.23	0.23

表 10-2　中国瘦肉型肥育猪每头日需营养

指　　标	体重(千克)				
	3~8	8~20	20~35	35~60	60~90
预期日增重(克)	240	440	610	690	800
日食风干料(千克)	0.30	0.74	1.43	1.90	2.50
消化能:(兆焦)	4.21	10.06	19.15	25.44	33.48
(千卡)	1005	2405	4575	6080	8000
粗蛋白质(克)	63	141	255	312	363
赖氨酸(克)	4.3	8.6	12.9	15.6	17.5
蛋氨酸+胱氨酸(克)	2.4	4.9	7.3	9.1	10.0
钙(克)	2.64	5.48	8.87	10.45	12.25
食盐(克)	0.75	1.85	3.58	4.75	6.25

表 10-3　美国(1994)瘦肉型肥育猪基础饲粮饲养标准

(每千克饲粮中含量)

指　　标	体重(千克)				
	1~5	5~10	10~20	20~50	50~100
预期日增重(克)	200	250	450	700	820
日需风干饲粮(千克)	0.25	0.46	0.95	1.9	3.11
每增重1千克需风干料(千克)	1.25	1.84	2.11	2.71	3.79
消化能:(兆焦)	13.52	13.60	13.65	13.69	13.77
(千卡)	3220	3240	3250	3260	3280
粗蛋白质(%)	24	20	18	15	13
赖氨酸(%)	1.4	1.15	0.95	0.75	0.60
蛋氨酸+胱氨酸(%)	0.68	0.58	0.48	0.41	0.34
钙(%)	0.90	0.80	0.70	0.60	0.50
食盐(%)	0.90	0.90	0.90	0.90	0.90

表 10-4　美国(1998)瘦肉型肥育猪饲养标准(每千克饲粮中含量)

指　　标	体重(千克)					
	3～5	5～10	10～20	20～50	50～80	80～120
平均体重(千克)	4	7.5	15	35	65	100
消化能:(兆焦)	14.28	14.28	14.28	14.28	14.28	14.28
(千卡)	3400	3400	3400	3400	3400	3400
日食消化能:(兆焦)	3.59	7.12	14.23	26.40	36.56	43.79
(千卡)	850	1700	3400	6307	8755	10458
粗蛋白质(%)	26	23.7	20.9	18	15.5	13.2
日食风干饲粮(千克)	0.25	0.5	1.0	1.855	2.575	3.075
钙(%)	0.90	0.80	0.70	0.60	0.50	0.45
食盐(%)	0.50	0.40	0.30	0.18	0.18	0.18

表 10-5　俄罗斯瘦肉型肥育猪复合添加剂预混料配方

元　素	肥育前期	肥育后期	元　素	肥育前期	肥育后期
维生素 A(百万单位)	1000	750	铁(千克)	3.5	2.625
维生素 D(百万单位)	200	150	铜(千克)	0.8	0.400
维生素 K(千克)	0.2	0.2	锌(千克)	7.5	5.625
维生素 B_2(千克)	0.4	0.3	钴(克)	5.0	5.0
维生素 B_3(千克)	1.0	0.75	碘(克)	27	24
维生素 B_5(千克)	1.5	0.125	生物素(千克)	1.5	1.5
维生素 B_{12}(千克)	2.2	1.65	蛋氨酸(千克)	50	40
氯化胆碱(千克)	40	30	赖氨酸(千克)	62.4	62.4
铁(千克)	6.0	4.5	抗氧化剂(千克)	0.5	0.5

注:1. 表内元素与载体料(钙粉或糠麸)配合成 1 吨;2. 在基础日粮中加入预混料 1%,赖氨酸和蛋氨酸在基础饲粮中已有配合时,预混料中可以免除

在表10-1至表10-4的原表中都列有约20种微量元素添加剂,但在实际配合饲粮时应用起来非常困难,故本书将其略去而未引列于表中,另推荐了可操作性较强的俄罗斯预混料配方于表10-5。

我国地方猪和它们与大型瘦肉型品种杂交生产的杂种猪作为瘦肉型肥育时,饲粮的能量和蛋白质水平都应适当降低,能量可从3 300千克(13.86兆焦)逐渐降至3 000千卡(12.60兆焦),蛋白质可从20%逐渐降至12%。

(三)按饲养标准配制饲粮的方法

利用多种饲料配合成饲粮,其中主要是总能量水平(每千克饲粮所含消化能)和蛋白质水平,必须基本上符合饲养标准的要求。配合饲粮时,必须备有饲料成分表,以便查考各种饲料的能量和粗蛋白质的含量。现以表10-6中10~20千克瘦肉型肥育猪所需每千克含消化能3 310千卡(13.9兆焦)和粗蛋白质19%的饲粮来说明其配制方法。

先备如表10-6格式的空白表格一张。

表10-6　按饲养标准配制饲粮表

饲粮	(%)	消化能(兆焦)	消化能(千卡)	粗蛋白质(%)
玉米	55	0.55×14.39=7.91	0.55×3437=1890	0.55×8.9=4.90
米糠	20	0.2×12.64=2.53	0.2×3043=608	0.2×12.8=2.56
鱼粉	10	0.1×13.05=1.35	0.1×3117=312	0.1×52.5=5.25
豆饼	15	0.15×13.51=2.03	0.15×3227=484	0.15×40.9=6.17
共计	100	13.78	3294	18.88
标准		13.85	3310	19
相差		-0.07	-16	-0.12

注:同一种饲料的营养成分因来源不同而略有差异

先将玉米作为能量的主要饲料试配55%于表内，查饲粮成分表，每千克玉米的可消化能是3 437千卡或14.39兆焦，粗蛋白质是8.9%，于是以55%即0.55分别乘其1千克内的消化能和蛋白质参数，就得出1千克配合饲粮中55%的玉米所含的消化能绝对量1 890千卡或7.91兆焦和粗蛋白质4.9%。以此类推再试配20%的米糠作为能量的辅料，并根据饲料成分表它1千克内所含消化能和粗蛋白质参数计算出它在1千克配合饲粮中所含消化能和粗蛋白质的分量。然后作为蛋白质主要饲料试配10%的鱼粉和15%的豆饼，并根据饲料成分表它们1千克内所含的消化能和粗蛋白质量计算出它们在1千克配合饲粮中所含的消化能和粗蛋白质，最后就将各种饲料的消化能和粗蛋白质分别加总起来，就是1千克配合饲粮中所含消化能和粗蛋白质。如果这个总数与饲养标准要求有较大的差距，则就要对各种饲料的比例进行调整，力求使其接近于标准（当然不可能使总数与标准完全一样）。

能量和蛋白质水平配出来以后的配合饲粮即为基础饲料，再按饲养标准所要求的比例在基础饲粮中加入钙、食盐和预混料，基础饲料本身也含有钙和各种微量元素，但其量甚微，可以不予考虑。

按饲养标准配合饲粮是一个颇费时费神的事情，据笔者所知，金盾出版社出版有《猪的饲粮配方700例》，可供养猪实践家参考选用，省时省力。

（四）瘦肉型肥育猪的饲粮结构

前面我们已经详细阐明，获得理想瘦肉型肥育猪的关键是“两抢两保证”，即一抢月龄，二抢活重，一保证饲养水平，二保证育种水平。各品种肥育猪的肥育期很短，大型瘦肉型品种在6月龄时结束，华南极度早熟品种猪在4月龄结束，中型和华中型亚极度早熟品种猪在5月龄结束，华北晚熟黑猪在7月龄结束，杂种肥育猪在双亲品种之间的月龄结束。因此，在有限的肥育期内应尽可能增加其营养物质的摄入量，饲粮基本上应由全精料和预混料组成，青绿饲料基本上不配合在基础饲粮中，可以在餐与餐的间隙中适量投喂。

(五)瘦肉型肥育猪的管理

对瘦肉型肥育猪的管理，除注意做好第七章中一般饲养管理原则的各事项外，还应注意做好以下工作。

1. 合理组群 根据猪容熟不容生的生物学特性，在转栏时最好同一窝猪同组于一栏，以后不轻易调栏或并栏，以免咬斗而影响采食和生长发育。一般每混栏1次，生长发育要延滞1周。

2. 群体密度适宜 所谓群体密度适宜，就是栏内猪群每猪所应占有的猪栏面积要适当，一般每头肥育猪应占有0.8～0.9平方米，若同窝猪10头为一栏，每栏面积应不小于8平方米。

3. 栏群大小适合 每栏每头猪即使达到适当的占栏面积，密度不大，但每栏头数也不宜过多，而以6～10头为最适宜，如果用大栏，则最多不超过20头。据测定，每栏20～100头进行大栏饲养，则平均日增重要降低17%，每增重1千克所消耗的饲料要提高32%以上。

4. 关于肥育猪的运动问题 运动对种猪和幼猪的有益作用是肯定的，但对肥育猪是否需要运动却有不同的看法，根据笹崎龙雄的研究认为，肥育猪运动能明显地促进生长发育，具体资料如表10-7和表10-8。

表10-7 肥育猪运动与增重及饲料报酬的关系

运动与否	日增重(克)	每增重1千克需饲料(千克)
适当运动	495	4.2
不运动	409	5.1

表 10-8 肥育猪运动与增重及饲料报酬的关系

运动与否	达 100 千克活重日龄	每增重 1 千克需饲料(千克)
自由运动	242	4.65
不运动	251	4.95

美国在 20 世纪 50 年代前曾广泛推行放牧运动即放牧肥育,即在宽阔的牧场上自由采食,除采食牧地青草和掘食泥土、草根外,并在牧场上设有自动喂槽,让猪自由采食精料,认为这样既可以节省精料又可以获得运动促进肌肉发育。1951 年总结分析了 25 个关于舍饲肥育和放牧自由采食肥育的比较试验,结果证明,后者比前者平均日增重要高 114 克,而精料却可节省 13.5%。

但 1957 年在饲料中配入添加剂后对两种肥育方法进一步研究所得出的 3 个比较试验证明,放牧肥育除可节省精料 4.9% 以外,在增重方面两者并无明显差别。从此关闭肥育在美国广泛盛行起来,以后更由于饲料工业的发展,人工维生素、氨基酸和微量元素等大量生产,不喂青绿料,不见阳光,不接触泥土和不运动的关闭肥育法又得到了进一步发展。

在我国当前的条件下,晴天仍应让猪在舍外运动场上自由活动和日光浴,以获得免费维生素 D,有利于饲料中钙、磷的吸收。如果有好放牧环境的地区(有宽阔的放场,能播种牧草,能控制猪群自由活动的范围),可以采用放牧肥育,精料放在牧场上的饲槽内让猪自由采食。

5. 日喂次数 猪的肥育一般是在 2 月龄后开始进行,2 月龄前属于仔猪培育阶段。2 月龄以后的肥育猪,根据笔者的实践认为,日喂两次和三次所消耗的饲料并无明显差别,但是日喂两次的猪,采食更富于食欲,进食非常欢快,日喂两次的猪比日喂三次的猪明显表现出发育良好的倾向。在哺乳期日喂多餐的仔猪,断奶后应逐渐转换为一日两餐制。

据胡成波的试验,在相同的高营养条件下,不同日喂次数猪的肥育效果如表10-9。

表10-9　肥育猪不同日喂次数的肥育效果

组别	肥育天数	头数	始重（千克）	末重（千克）	日增重（克）	每增重1千克耗料（千克）
日喂三次组	78	30	34.6±3.4	89.5±8.3	704±72	3.46
日喂二次组	78	30	35.1±4.6	90.5±9.9	710±90	3.42
日喂一次组	78	30	35.4±4.2	90.6±10.9	708±85	3.51

二、肉脂兼用肥育猪的饲养管理

肉脂兼用肥育是我国广大农村生产肥育猪的主要方式,这是由当前我国广大农村的国民经济条件和饲养条件的水平以及农民的经济需要所客观决定的,由于受到经济条件和饲养条件的限制,因此把猪的肥育时间拖得比较长,一直拖到猪的脂肪贮积高峰期出现以后才能达到可供经济利用的一定活重时出栏,所以肥育猪就成了符合农家所需的肉脂兼用型的肥育猪。

改革开放以后,由于我国农民的生活水平有所提高,在饲养地方品种种猪的饲养水平上也有所改善,在猪年幼长瘦肉阶段的饲粮中增加了一定量的能量饲料和蛋白质饲料(利用市售商品饲料),使我国几千年来以最严酷的吊架子的方式培育种母猪所形成的我国脂用型地方猪也逐渐向肉脂兼用型的方向发展和改进。

现在我国农村已广泛利用大型瘦肉型品种猪与我国地方猪进行经济杂交生产杂种肉脂兼用肥育猪,如果有计划地控制杂交,不要把杂种留做种猪再杂交,则这是生产肉脂兼用肥育猪的好方式。

在以追求小康社会为目标的我国,以肉脂兼用肥育猪为主的养猪业生产,将是一个相当长的过程,因其需要的饲养水平比生产瘦肉型肥育猪要低，而且调节范围也比较大。

(一)肉脂兼用肥育猪一条龙式肥育法

这种肥育法就是在猪的肥育期从头至尾都是以比较高的饲养水平均衡地饲养。

1. 饲养标准 我国所制订的肉脂兼用型肥育猪一条龙式肥育法的饲养标准见表 10-10 和表 10-11。

表 10-10 肉脂兼用肥育猪饲养标准(每千克风干饲粮含量)

指　标	体重(千克)				
	5~8	8~15	15~30	30~60	60~90
消化能:(兆焦)	13.80	13.60	12.95	12.95	12.95
(千卡)	3300	3250	3100	3100	3100
粗蛋白质(%)	21.0	18.2	16.0	14.0	13.0
赖氨酸(%)	1.34	1.05	0.85	0.69	0.60
蛋氨酸+胱氨酸(%)	0.65	0.53	0.43	0.38	0.34
食盐(%)	0.3	0.3	0.3	0.3	0.3
钙(%)	0.86	0.74	0.64	0.55	0.46
预混料(%)	0.1	0.1	0.1	0.1	0.1

注:预混料见表 10-5

表 10-11 肉脂兼用肥育猪日需营养

指　标	体重(千克)				
	5~8	8~15	15~30	30~60	60~90
预期日增重(克)	220	380	500	600	700
日食风干料(千克)	0.40	0.87	1.36	2.02	2.94
消化能:(兆焦)	5.52	11.83	17.61	26.16	28.07
(千卡)	1320	2828	4216	6262	9114
粗蛋白质(克)	84	158.3	217.6	282.8	382.2
赖氨酸(克)	5.4	9.1	11.6	13.9	17.6

续表 10-11

指　　标	体重(千克)				
	5～8	8～15	15～30	30～60	60～90
蛋氨酸+胱氨酸(克)	2.6	4.6	5.8	2.7	10.0
钙(克)	3.4	6.4	8.7	11.1	13.5
食盐(克)	1.2	2.6	4.1	6.1	8.8
每增重1千克需料(千克)	1.82	2.29	2.72	3.37	4.20

2. 饲粮结构　肉脂兼用肥育猪饲粮的精料应占能量比的85%,例如20～35千克的肥育猪日食饲粮共计能量4 710千卡(19.78兆焦),其中85%的能量即4 000千卡(16.81兆焦)来自精料(谷实、糠麸和饼类),青粗饲料的能量最多只能占15%即710千卡,如果比例太高,就会降低饲粮质量,而且体积太大,猪日食量有限,因而会减少营养摄入量。

(二)肉脂兼用肥育猪阶段式肥育法

阶段式肥育法是我国农民长期以来所采用的传统养猪法,就是采用这一方法,把我国地方猪培育成了非常耐粗的、能利用大量青粗饲料生产肉和脂的独特的品种。在我国当前的国民经济水平的条件下,仍不失为一种很好的养猪法,我们仍应利用我国地方猪独特的耐粗性,将大量廉价的青粗饲料转化成肉和脂。

阶段式肥育法又称“吊架子”肥育法,这种肥育法的饲养原则是两头精、中间粗,即肥育前期和后期以谷实类精料为主,中期以青粗料为主。笔者将这种吊架子肥育法概括为“三阶段两过渡”。

1. 前期阶段　仔猪60天(或45天)断奶后1个月即2～3月龄内为前期阶段。这个阶段由于仔猪肠胃幼嫩,尚未发育完全,以含蛋白质8%左右的谷实类精料为主,适当地加点幼嫩的青绿饲料(菜叶类),饲粮中精料与青绿料的能量营养比80%∶15%。

2. 前过渡期 3~4月龄为这一时期,青绿饲料的比例大大提高,饲粮中谷实精料与青绿料的能量营养比约各占50%。由于青绿料(各种野草、菜叶、萝卜和瓜薯等)含水量很高(85%左右),其能量营养比要在日粮中达50%,体积相当大,从体积来看,日粮中肉眼可见的绝大部分是青绿料,以使其适应向以青绿料为主的中期阶段过渡。

3. 中期阶段 4~8月龄为这一阶段,以青绿料为主,其能量营养比约要占饲粮的80%,从肉可见的饲粮体积来看,精料是很少很少的,只不过是一个"引子",一种"意思"的表示。每餐喂料开始时,猪饿了欢快地吃一会,待猪不想吃了的时候,又在饲料上撒一把粗糠粉,如是让猪欢快地吃饱为止。

4. 后过渡期 8~9月龄时期,将饲粮中谷实精料的能量营养比提高到50%,使其适应向后阶段以精料为主的肥育期过渡。

5. 后期阶段 9~10月龄或至适当肥满度为止,以谷实精料和薯芋类为主,其能量营养比在饲粮中达到85%以上,我国广大山区则主要以薯芋类为精料。

在我国低国民经济条件下穷养猪,采用吊架子的三阶段两过渡的肥育法生产商品肉脂兼用肥育猪,仍不失为一科学的方法。在我国华南和华中广阔地区的地方猪,因为所处气候温暖,又加之高度舍饲,少运动,所以代谢水平低,成熟早,脂肪贮积早,4~5月龄脂肪贮积能力就已显著增强,如果过早大量喂饲高能量的富含碳水化合物的谷实类饲料,会使猪在幼年躯架很小、体重很轻时就高度脂化,难以继续增长,所以这时大量饲喂低能量的、含钙丰富的青粗料有利于生长骨架,骨架大才有利于大量肌肉和脂肪的依附,而且质量好的幼嫩青绿饲料,蛋白质含量亦颇丰富,其风干量中蛋白质含量可达14%~25%,仍有利于瘦肉的适当生长发育。虽然青绿饲料体积大,但在长期对种猪也是采用以青粗饲料为主培育过程中,使地方猪形成了容积很大的肠胃、大肚腹的遗传特性，能大量采食青绿饲料以量制胜，获得所需的基本营养。而且在长期以青绿料为主的培育过程中，我国地方猪的大肠（包括盲肠）也特别发育，其中大量的微生物能帮助猪有利于利用青粗饲料中大量粗纤维的养分。

我国低国民经济水平的小康社会将是一个相当长的过程，在这种条件下，我国地方猪是个宝，不容轻视，它能生产廉价优质的肉。

笔者建议，为了不使肉脂兼用肥育猪的肥育期拖得太长，在蛋白质饲料缺乏或不足的条件下，最好为每头肥育猪每天补助 50～100 克炒熟的黄豆粉，将会获得相当满意的结果，如能在饲粮中加入 0.1%的蛋氨酸和赖氨酸效果更好。

（三）肉脂兼用肥育猪的出栏月龄和活重

肉脂兼用肥育猪的肥育期不宜拖得过长，体重也不要追求过大。体重过大，维持需要的营养大大增加，而且体重的增长又以长脂肪为主。长 1 千克脂肪比长 1 千克的瘦肉所需的营养要高出 2 倍以上。现在动物脂肪又比瘦肉价格低得多，因而很不合算。

我国华南、华中和华北地区的猪早熟性不同，肥育分别至 6 月龄、8 月龄和 10 月龄达到相当肥满的程度，活重为 60～100 千克最为理想；杂种猪可肥育至 8 月龄，约 100 千克活重即可。

肉脂兼用肥育猪的管理与瘦肉型肥育猪相同。

思　考　题

1. 饲养瘦肉型肥育猪的关键是什么？
2. 简述如何生产瘦肉型肥育猪？
3. 我国当前广大农村需要和可能生产什么样的肥育猪，如何生产？
4. 各品种瘦肉型肥育猪经济成熟期的月龄和活重是多大？
5. 肉脂兼用型肥育猪经济成熟期的活重和月龄以多大为好？

第十一章　后备猪的饲养管理

自繁自养的商品猪场,必须有计划地培育后备母猪,以保证繁殖母猪的不断更新。用于选育后备母猪的仔猪满 2 月龄后,应按基础母猪补充计划头数加倍选择后备母猪进行培育。后备公猪一般不自繁自养,应从相应种猪场引进。后备种猪是基础种猪的后备力量,是猪群及其品种品质进一步发展的基础和希望。

后备种猪将来能否进入基础种猪群,以取代并胜过因年老或品质不良而被淘汰的基础种猪,在很大程度上决定于在后备期间的饲养管理和选种鉴定。

一、后备猪的饲养管理目标

第一,保证正常增重,特别要注意在断奶奶后 1~2 个月内,即 3~4 月龄内,不致因断奶发生营养改变而引起生长发育迟滞和肠胃疾病。

第二,保证体质强壮,骨骼(主要是四肢)和肌肉充分发育而不过肥。

第三,保证后代胜过前代。后备种猪生长发育、体质外形和繁殖性能等方面,都应逐代有所提高。

二、后备猪的饲养水平及相应的发育水平

(一)大型瘦肉型品种后备猪的饲养标准及相应的发育水平

见表 11-1。

表 11-1　大型瘦肉型品种后备猪每千克饲粮养分含量及相应的发育水平

月龄	活重（千克）	消化能（兆焦）	（千卡）	其中精料(%)	粗蛋白质(%)	钙（%）	食盐（%）
3	32~34	13.86	3300	95	18	0.75	0.5
4	46~49	13.86	3300	95	18	0.75	0.5
5	60~64	13.44	3200	85	16	0.75	0.5
6	74~80	13.44	3200	85	16	0.75	0.5
7	89~96	13.44	3200	85	14	0.75	0.5
8	105~112	13.44	3200	85	14	0.75	0.5
9	121~128	13.02	3100	80	13	0.75	0.5
10	137~144	13.02	3100	80	13	0.75	0.5

注:1. 另加预混料 1%。2. 各年龄阶段另加赖氨酸和蛋氨酸各 0.4%和 0.2%

(二)我国地方品种后备猪的饲养标准及相应的发育水平

见表 11-2。

表 11-2　我国地方品种后备猪每千克饲粮养分含量及相应的发育水平

月龄	活重(千克) 华中型猪	消化能（兆焦）	（千卡）	其中精料(%)	粗蛋白质（%）	钙（%）	食盐（%）
3	24	12.60	3000	85	16	0.6	0.4
4	33	12.60	3000	85	16	0.6	0.4
5	37	12.18	2900	80	14	0.6	0.4
6	39	12.18	2900	80	14	0.6	0.4
7	43	12.18	2900	80	13	0.6	0.4
8	55	12.18	2900	80	13	0.6	0.4
9	60	11.76	2800	75	12	0.6	0.4
10	70	11.76	2800	75	12	0.6	0.4

注:1. 另加预混料 1%。2. 各月龄另加赖氨酸、蛋氨酸各 0.4%和 0.2%

(三)后备猪的预混料

见表11-3。

表11-3 后备种猪预混料

(表内元素与载体料钙粉或糠麸配成1吨)

元　素	分量	元　素	分量
维生素A(百万单位)	2000	氯化胆碱(千克)	30
维生素D(百万单位)	200	铁(千克)	6.0
维生素E(千克)	1.0	锰(千克)	3.5
维生素K(千克)	2.0	铜(千克)	0.8
维生素B_2(千克)	0.5	锌(千克)	7.5
维生素B_3(千克)	1.2	钴(克)	5.0
维生素B_5(千克)	2.2	碘(克)	27
维生素B_{12}(千克)	2.2	抗氧化剂(千克)	0.5

注:在后备种猪基础饲粮中加入1%

三、培育后备猪的关键时期

断奶后1个月内是培育后备种猪的关键时期,仔猪断奶后不能马上降低饲养水平,即在饲粮中不能加入大量青粗料,也不能让它过食,否则会出现急性肠胃炎而腹泻,严重影响后备猪的发育。出现腹泻时,应单独关养,适当减料,并及时治疗。

后备猪起初日喂3次,4月龄后日喂2次,每次吃饱退槽后多余的料收走,以防止过吃过肥。

四、分　栏

公母分栏,以防早配。3~4月龄每栏8~10头。5~10月龄每栏4~5头。

同栏后备公猪性成熟后应分栏单喂,以防经常互相爬跨严重影响生长发育。

同栏后备母猪发情后,应分栏单喂,以防爬跨其他母猪,影响生长发育。

五、运　动

(一)后备种猪运动的意义

1.促使体格向瘦肉型方向发展　缺乏运动的后备种猪比获得运动的后备种猪,体长较小,胸围较大,类似于脂用型,获得运动的后备种猪类似于瘦肉型(表11-4)。

表11-4　运动对后备种猪生长发育的影响

指　　数	运动的后备猪	不运动的后备猪
体躯指数(胸围×100÷体长)	93.6%	97.6%
胸围指数(胸围×100÷体高)	176.7%	187%
肢长指数(肢长×100÷体高)	42.1%	38.5%

上列体躯指数即是胸围对体长的百分比,这个指数越大时,表明体长小,胸围大,猪的体格类型成为粗短的圆筒形,反之则为细长型。

胸围指数即是胸围对体高的百分比,这个指数越大时,表明体矮、躯干大,猪的体格类型成为矮胖型,反之则成为细高型。

肢长指数即是肢长对体高的百分比(体高包括肢长和胸深,从肩背部至地面的距离,肢长是肘端至地面的距离),这个指数越大时,表明四肢高躯干小,猪的体格类型成为细高型,反之则成为矮胖型。

瘦肉型猪应是细长、细高型,脂用型猪是粗短、粗矮型。

2. 促进胴体肌肉的发育 运动的后备种猪比不运动的后备种猪,胴体瘦肉率要高 3.2%,脂肪要少 3.8%。

3. 促进骨骼发育,体质结实 运动的后备种猪比不运动的后备种猪,股骨直径每平方厘米承受的压力要大 11.7%,股骨横断的最大抗力要大 8.1%。

4. 促进性的发育 如表 11-5。

表 11-5 后备种猪运动与否与繁殖性能的关系

指 标	运动	不运动
性成熟日龄	186.8	199.8
9 月龄前性周期数	4.36	3.54
发情周期天数	20.2	21.1
生殖系统发育情况	较发育	不够发育
初配受胎率(%)	87.5	75
产仔头数	9.9	9.1
初生重(千克)	1.28	1.16
泌乳力	60.5	43.3
断奶仔猪头数	9	7.1
第 2 产仔猪数为第 1 产的比例%	120	33.3

但是运动对后备种猪体格类型、肌肉和骨骼发育的显著影响必须结合合理的饲养,保证营养需要,瘦肉型需要瘦肉型的营养、肉脂兼用型需要肉脂兼用型的营养。

(二)运动方法

每天应有 2～3 小时的驱赶运动,或上下午各 2 小时的放牧运动(牧场上种有牧草)。

思　考　题

1. 后备猪培育的任务是什么?
2. 后备猪培育的关键时期是什么时期?应注意什么问题?
3. 如何定向培育后备种猪的体格类型?

第十二章　猪场饲养员的劳动定额与报表

中等以上规模的养猪场，一般都建有各生理阶段猪的饲养车间和饲料加工车间，各类猪都分别在不同的饲养车间饲养，按相应的饲养标准配制饲粮，每日按定额发放。饲养员的劳动定额和考核指标明确、具体，可操作，而且与饲养员的工资、奖金挂钩。为了工作，也为了便于对饲养员进行考核，饲养员还需填写相关的登记表、统计表。

一、猪场饲养员劳动定额

繁殖母猪饲养员每组 4 人，承担 50 头繁殖母猪及断奶前仔猪的饲养管理任务。

繁殖母猪产仔率 95%，平均窝产活仔 10 头；大型品种仔猪 30 日龄平均活重 8～8.5 千克，60 日龄平均活重 20 千克，断奶仔猪成活率 80%，平均窝转出断奶仔猪 8 头。

生长肥育猪饲养员每组 4 人，承担 600 头生长肥育猪的饲养管理任务。

生长肥育猪 60 千克活重前，成活率 95%，料重比 2.8∶1；60 千克至出栏，成活率 98%，料重比 3∶1。

公猪数量较少，一般由 1～2 名饲养员负责饲养管理，劳动定额根据各场情况核定。

后备猪饲养员的劳动定额和考核指标，介于繁殖母猪和生长肥育猪之间，参照两者的定额和指标核定。

二、猪场饲养员登记、统计报表

公猪饲养员要填写“公猪繁殖性能统计表”(表 12-1),“公猪饲料日耗量统计表”(表 12-5)。

母猪饲养员要填写“母猪配种登记表”(表 12-2),“母猪分娩及仔猪发育登记表”(表 12-3),“母猪生产性能统计表”(表 12-4)和“母猪饲料日耗量统计表”(表 12-6)。

生长肥育猪饲养员要填写“肥育猪生长发育统计表”(表 12-7)和“肥育猪饲料日耗量统计表”(表 12-8)。

后备猪饲养员要填写“后备猪生长发育统计表”(表 12-9)和后备猪饲料日耗量统计表(表 12-10)。

各类猪群饲养员都要填写“猪群变动登记表”(表 12-11)。

饲养员姓名________

表 12-1　公猪繁殖性能统计表

公猪号______　品种______　出生日期______　出生地______　活重______千克

全年配种母猪头数________　受胎数________　受胎率________

配种母猪号	胎次	产仔情况				仔猪初生均重（千克）	受胎情期次数
		活的	死的	共计	存活率		
1							
2							
3							
·							
·							
·							
·							
·							
·							

注:1. 正常产仔数:长白和大白猪 10~12 头,杜洛克猪 9.5 头,初胎少 1 头

2. 仔猪初生重:长白和大白猪 1.35~1.4 千克

3. 受胎情期次数:第一个情期没配上,第二个情期配上,即为 2 次,余类推

表 12-2　母猪配种登记表　饲养员姓名________

(____年____月____日)

<table>
<tr><td rowspan="3">母猪号</td><td rowspan="3">品种</td><td rowspan="3">胎次</td><td colspan="7">第一次配种</td><td colspan="7">第二次配种</td><td rowspan="3">预产期</td><td rowspan="3">实产期</td><td colspan="2" rowspan="1">配种活重(千克)</td></tr>
<tr><td colspan="2">发情</td><td colspan="5">配　种</td><td colspan="2">发情</td><td colspan="5">配　种</td><td rowspan="2">公猪</td><td rowspan="2">母猪</td></tr>
<tr><td>始日</td><td>终日</td><td>日期</td><td>公猪号</td><td>品种</td><td>精子活力</td><td>查情期</td><td>始日</td><td>终日</td><td>日期</td><td>公猪号</td><td>品种</td><td>精子活力</td><td>查情期</td></tr>
<tr><td></td><td></td><td></td><td></td><td></td><td></td><td></td><td></td><td></td><td></td><td></td><td></td><td></td><td></td><td></td><td></td><td></td><td></td><td></td><td></td><td></td></tr>
</table>

表 12-3　母猪分娩及仔猪发育登记表 饲养员姓名________

母猪号及品种______父猪号及品种______分娩日期______　(____年____月____日)

序号	仔猪编号	性别	乳头数	仔猪发育(千克)			备注
				初生	30天	60天	
1							
2							
3							
4							
5							
6							
7							
8							
9							
10							
11							
12							
13							
14							
15							
16							

成活率________育成率________

饲养员姓名______

表 12-4　大型品种母猪生产性能统计表　（____年____月____日）

母猪号	胎次	产仔数				断奶数	育成率	初生重		1月龄重		2月龄重	
		理论数	实数	死胎数	存活率			理论重	实重	理论重	实重	理论重	实重
1		11						1.4		8		19	
2													
3													
.													
.													
.													
.													
.													
.													

饲养员姓名______

表 12-5　公猪饲料日耗量统计表（____年____月____日）

日	公猪号	月龄	活重（千克）	配种期或非配期	日耗料(千克)	
					理论量	实量
1						
.						
.						
.						
.						
.						
.						
31						

注:1. 每月称重 1 次,2. 按表 7-1 计划理论耗料量

饲养员姓名________

表 12-6　母猪饲料日耗量统计表（____年____月____日）

日	母猪号	月龄	活重（千克）	妊娠期或哺乳期	日耗料(千克)	
					理论量	实　量
1						
·						
·						
·						
·						
·						
·						
31						

注:1. 每月称重 1 次; 2. 按表 7-1 计划理论耗料量

饲养员姓名________

表 12-7　大型品种肥育猪生长发育统计表（____年____月____日）

窝号	头数	各月龄窝均重(千克)									
		2		3		4		5		6	
		理论重	实重	理论重	实重	理论重	实重	理论重	实重	理论重	实重
		19		38		55		70		100	

饲养员姓名________

表 12-8 肥育猪饲料日耗量统计表

____年____月

日	窝号	日龄	头数	窝重（千克）	个体均重（千克）	日耗料(千克)	
						理论量	实 量
1							
.							
.							
.							
.							
.							
.							
31							

注:1. 每2周称重一次;2. 统计全窝肥育猪日总耗料量;3. 按表7-1计划理论耗料量

饲养员姓名________

表 12-9 大型品种后备猪生长发育统计表

猪号	各月龄活重(千克)																	
	2		3		4		5		6		7		8		9		10	
	理论重	实重	理论重	实重	理论重	实重	理论重	实重	理论重	实重	理论重	实重	理论重	实重	理论重	实重	理论重	实重
	19		32		47		63		80		97		113		129		146	

饲养员姓名______

表 12-10　后备猪饲料日耗量统计表

____年____月

日	猪号	出生日期	月龄	活重（千克）	日耗料(千克)	
					理论量	实耗量
1						
·						
·						
·						
·						
·						
·						
31						

注:1. 每 2 周称重一次;2. 按表 7-1 的理论耗料量饲喂

饲养员姓名______

表 12-11　猪群变动登记表

____年____月

群别	项目	1	2	3	4	5	6	7	8	9	10	11	12	13	14	15	16	17	18	19	20	21	22	23	24	25	26	27	28	29	30	31	总饲养日	平均存栏
	现存																																	
	转入																																	
	转出																																	
	死亡																																	
	出售																																	
	现存																																	
	转入																																	
	转出																																	
	死亡																																	
	出售																																	
	现存栏合计																																	